工业机器人现场
编程项目实战

主 编 杨 杰

北京理工大学出版社
BEIJING INSTITUTE OF TECHNOLOGY PRESS

内 容 简 介

本教材采用项目化的组织形式，共设置了 8 个项目。

项目 1，学习绘制程序流程图。项目 2，用虚拟仿真设备编写"王"字程序、乒乓球分拣程序和单台机床上下料程序。该项目配套部分试题和评价表。项目 3，编写码垛搬运工作站的工业机器人程序。项目 4，编写焊接工作站的工业机器人程序。项目 5，编写机床上下料工作站的工业机器人程序。项目 6，编写电机装配生产线的部分工业机器人程序。项目 7，编写物料分拣工作站的工业机器人程序。项目 8，编写打磨轮毂生产线的工业机器人程序。

除此之外，本教材附加了部分 1+X 证书的实操考试试题和工业机器人系统操作员国家职业技能标准。

图书在版编目（ＣＩＰ）数据

工业机器人现场编程项目实战 / 杨杰主编. — 北京：
北京理工大学出版社，2024.4
ISBN 978-7-5763-3793-8

Ⅰ. ①工… Ⅱ. ①杨… Ⅲ. ①工业机器人-程序设计
-教材 Ⅳ. ①TP242.2

中国国家版本馆 CIP 数据核字（2024）第 074885 号

责任编辑：王梦春		**文案编辑**：辛丽莉	
责任校对：周瑞红		**责任印制**：李志强	

出版发行 / 北京理工大学出版社有限责任公司
社　　址 / 北京市丰台区四合庄路 6 号
邮　　编 / 100070
电　　话 / （010）68914026（教材售后服务热线）
　　　　　　　（010）68944437（课件资源服务热线）
网　　址 / http：//www.bitpress.com.cn

版 印 次 / 2024 年 4 月第 1 版第 1 次印刷
印　　刷 / 涿州市京南印刷厂
开　　本 / 787 mm×1092 mm　1/16
印　　张 / 11.75
字　　数 / 206 千字
定　　价 / 68.00 元

前　言

　　贵州电子科技职业学院在工业机器人专业建设方面已发展七年多，工业机器人现场编程课程也已开设了七年多。编者历经多年的教学、技能大赛实战和工业机器人集成应用1+X职业技能等级证书的人才培养经验，具有丰富的工业机器人编程经验和知识。编者在2022年申报了院级工业机器人现场编程精品课程建设项目，获得立项，并根据项目建设的需要，编写了本教材。

　　本教材采用项目化的组织形式，每个项目由学习目标、职业情境与教学情境、工作任务和工作过程组成，其中工作过程包括工作目标、学习内容、资讯和习题。目前，工业机器人现场编程相关教材一般把某个工业机器人品牌和理论知识作为主要内容，而本教材融合了3个品牌的工业机器人，即广数工业机器人、华数工业机器人和ABB工业机器人，并以实际应用为主要内容。为深入贯彻落实党的二十大精神，本教材采用"岗""课""赛""证"融合的思路编写："岗"指工业机器人操作岗；"课"指工业机器人现场编程课程；"赛"指教育部全国职业院校技能大赛工业机器人技术应用赛项；"证"指工业机器人系统操作员职业技能证书，以及工业机器人集成应用1+X职业技能等级证书。本教材适合工业机器人系统操作员和职业院校学生学习使用。此外，如果学生不具备熟练的工业机器人编程知识，则可以先学习虚拟仿真实训项目，然后逐步过渡到大赛和考证内容。

　　在七年多的编程实践中，编者发现虽然学生已掌握编程指令等内容，但是依然无法在实际工作中胜任复杂的编程任务，为此，编者在本教材中引入软件工程思想。学生可掌握模块化编程的软件工程知识，从而能胜任大型的工业机器人编程工作。因为本教材把工业机器人的实际应用作为主要内容，并且没有描述工业机器人编程的理论知识，所以初学者在学习时应该配合官方出版的工业机器人操作手册。广数工业机器人操作手册参考2016年版本；华数工业机器人操作手册参考HSpad使用说明书V1.2.5版本；ABB工业机器人操作手册参考2006年3月发行的版本。

　　项目2~5的编写工作，特别感谢重庆广数机器人有限公司李孟和朱发青的支持；项目6的编写工作，特别感谢武汉华中数控股份有限公司费靠和程华的支持；项目7的编写工作，特别感谢贵安新区汉德教育职业培训学校有限公司余振华的支持；

项目8的编写工作，特别感谢北京华航唯实机器人科技股份有限公司刘自典的支持。

近几年，教育部推动职业教育改革，课程思政和劳动教育也成为教学内容的重点，编者响应国家政策，在本教材内容融入思政元素，即部分案例以二维码的形式呈现思政案例。本教材介绍了国家智能制造战略，并鼓励更多的学生进入国家智能制造领域，希望学生在学习工业机器人编程知识后，可以投入到智能制造领域，从而发挥自身的价值。

由于编者水平有限，书中难免有错误和欠妥之处，恳请批评指正。

编　者

二维码资源

名称	二维码	名称	二维码
工业机器人编程技术		新松机器人发展史	
示教器的介绍		认识 ABB 机器人	
机器人的三种运动模式及转速计数器更新		ABB 机器人的程序结构与系统备份	
ABB 机器人的工具坐标和工件坐标		ABB 机器人运动指令	
ABB 机器人的运动参数		ABB 机器人的 I/O 通信	
ABB 机器人的 I/O 控制指令及延时指令		ABB 机器人虚实结合	
ABB 机器人虚实结合工作站（理论+实操）		DOUT	
END 指令		MOVC 指令	
程序自动运行的操作		创建工具	
创建立体矩形		创建圆柱体	

名称	二维码	名称	二维码
导入 ABB 机器人模型		复制程序的操作	
改变几何体图形外观		改变模型位置	
工业机器人程序编写流程		工业机器人现场编程的代码书写规范	
工业机器人现场编程的方法之一——观察法		工业机器人现场编程—建模仿真法	
工业机器人现场编程—课程介绍		工业机器人抓笔的操作	
关节、姿态与机械原点的概念		广数工业机器人—I/O 信号端口	
广数工业机器人—MAIN 指令		广数工业机器人—MOVJ 指令	
广数工业机器人—运动轨迹的概念		减去几何体操作	
键盘操作—V2		如何规划工业机器人的运动轨迹	
删除程序的操作		实训报告	

名称	二维码	名称	二维码
实训任务分析及程序编写		示教点的概念	
手动调节的速度操作		手动运行的程序操作	
智能制造战略与 工业机器人		重命名程序的操作	

目　录

项目 1 运动轨迹软件工程项目

情景 软件详细设计

 学习目标

学生因为热爱工业机器人编程技术，所以在工业机器人编程的工作岗位上兢兢业业地工作。在该工作岗位上，学生用心绘制工业机器人程序的流程图。具体目标包括以下内容。

知识目标	能力目标	素质目标
• 了解工业机器人定义与构型分类 • 熟悉工业机器人本体基本组成 • 了解工业机器人编程技术观 • 了解面向过程的软件工程思想	• 能绘制工业机器人程序流程图 • 能运用工业机器人编程技术观识别编程行为和编程水平 • 能在面向过程的软件工程思想的指导下，开展编程工作	• 热爱工业机器人编程技术 • 具备爱岗敬业的精神 • 具备不骄不躁和专心致志的精神 • 能用辩证法的观点解读工业机器人本体

 职业情境与教学情境

在大型智能制造项目中，工业机器人的程序代码量至少为 1 000 行。然而，编程语言不是人类语言，在阅读大量程序代码时很难理解代码的逻辑含义；同时，如何管理大量的程序代码也是一个问题。为了能有效地解决该问题，软件工程思想应运而生。软件工程可分为面向过程的软件工程和面向对象的软件工程。工业机器人编程语言属于面向过程的编程语言，因此，工业机器人程序代

码管理可采用面向过程的软件工程思想。在面向过程的软件工程项目中，软件开发的流程包括可行性分析、需求分析、软件总体设计、软件详细设计、软件编码、软件测试和软件维护。在运动轨迹的软件工程项目中，工业机器人的运动轨迹如图 1-1 所示。软件开发团队已在前期完成了可行性研究、需求分析和软件总体设计。

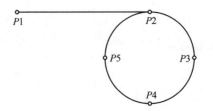

图 1-1　工业机器人的运动轨迹

按照软件工程思想，工业机器人操作员完成运动轨迹程序的详细设计，并采用流程图作为详细设计的描述工具。

工作过程　绘制流程图

工作目标

- 工业机器人程序的流程图完整
- 流程图的逻辑符合运动轨迹

学习内容

- 马克思主义技术观
- 软件开发模型
- 可行性研究的概念
- 软件需求分析的概念
- 软件总体设计的概念
- 软件的详细设计
- 软件编码的概念
- 软件测试的概念
- 软件维护的概念

一、资讯

1. 工业机器人编程技术

科学和技术是两个密不可分的概念，两者都与实践有关。科学来源于实践，是人们对客观世界的认识；技术应用于实践，是人们改造客观世界的力量。在马克思主义理论中，技术被视为"人本质力量的对象化"。在实践活动中，人发挥自身的力量，把客观对象改造成主观期望的样子，这个过程就是人本质力量对象化的过程。这个过程必须遵循自然规律，违背自然规律的改造活动必将失败。

工业机器人编程技术属于上述技术的范畴，该技术是人改造工业机器人姿态的力量。编程的本质是塑造工业机器人具备某种特殊价值的过程；编程的意义是间接提高劳动效率。编程的具体表现是程序代码，而其特殊价值则取决于人的需求。编程语言是人和工业机器人的交流语言，学习编程技术并不仅仅是理解编程语言本身，而是学会运用编程语言改造工业机器人的姿态。

2. 面向过程的软件工程思想

编程的具体表现是程序代码。编写程序代码的过程也称软件开发，软件工程思想是指导软件开发和维护的科学思想。在面向过程的软件工程思想中，最简单的软件开发模型是瀑布模型，该模型将软件开发生产周期中的各个活动规定为依线性顺序连接的若干阶段的模型。软件开发的步骤包括可行性分析、软件需求分析、软件总体设计、软件详细设计、软件编码、软件测试和软件维护。

可行性分析确定问题是否能够解决，软件开发人员必须收集充足的证据，这些证据证明软件可以解决用户的问题。软件需求分析是软件开发的第 1 阶段，该阶段围绕用户的需求，然后确定软件应该做什么。软件总体设计是软件开发的第 2 阶段，该阶段从宏观角度描述软件应如何实现，具体工作包括设计软件的总体结构和划分软件系统的组成元素，其中组成元素包括程序模块和程序文档等。软件详细设计是软件开发的第 3 阶段，该阶段从微观角度描述软件应如何实现，具体工作包括详细设计程序模块和设计人机交互界面。软件编码是编写程序代码的过程，广义的软件开发是指创建整个软件工程；狭义的软件开发是指软件编码。软件测试是软件编码完成后必不可少的阶段，其主要目的是发现软件问题，测试方法有静态测试、动态测试、黑盒测试和白盒测试；软件测试的过程包括 4 个阶段，即单元测试、集成测试、确认测试和系统测试，在测试的任何一个阶段，如果测试人员发现软件问题，则调试人员应立即开展软件调试工作，软件调试是排除软件问题的过程，软件调试和软件测试应相互交叉进行。在软件测试无误后，软件可以交给用户使用，在使用期间，软件用户可能发现软件运行错误，或者提出新的需求。软件维护就是改正软件运行错误和在软件中加入满足新需求的新功能的过程，这个过程在软件开发生产周期中，持续时间最长。

3. 流程图的概念

流程图是描述程序处理过程的工具。在软件详细设计阶段，每个程序模块的实现过程均可采用流程图描述。流程图又称程序框图，有 3 种基本控制结构，如图 1-2 所示，即顺序结构、选择结构和循环结构，其中循环结构又可细分为"当型"循环结构和"直到型"循环结构。

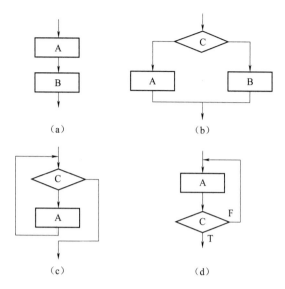

图 1–2　流程图基本控制结构

（a）顺序结构；（b）选择结构；（c）"当型"循环结构；（d）"直到型"循环结构；

4. 流程图的符号

流程图包括不同含义的符号。基本符号包括流程符号、判定符号、准备符号、结束符号和箭头符号等，每一种符号都有特定含义，如表 1–1 所示。在绘制流程图时，绘图员根据表达的需要选用不同的符号，不同符号共同组合成一个完整的流程图。每一种符号内部可添加文字描述，该文字描述表达了符号代表的实际意义。

表 1–1　流程图符号

符号	含义	符号	含义
	流程		准备
	判定		结束
	文档		显示内容
	手动操作		手动输入

续表

符号	含义	符号	含义
▱	数据	⟶	流程方向

5. 流程图的绘制

绘制流程图是软件详细设计的重要内容，可以表达程序的内在逻辑，其要求如下：

（1）清晰：清晰地表达程序的内在逻辑；

（2）全面：程序的内在逻辑表达全面；

（3）美观：流程图整体美观；

（4）单一性：流程图的每个图框表达单一的意义。当需要表达多个意义时，分别使用不同的图框。例如，初始化数据应分解为意义单一的图框，即初始化权重数据、初始化数量标记值等；

（5）抽象性：流程图重点表达程序的内在逻辑，流程图的每个图框不表达具体变量（如变量 x）、函数（如函数 fun）；

（6）可行性：流程图的每个图框均代表一个具体可执行、可操作的内容。

绘制流程图的方法：首先，确定程序的功能，再将实现该功能的过程分解为与任何结构化编程语言无关的若干个可执行的单一步骤；然后，使用恰当的流程图符号表达每个单一步骤，再将所有步骤按照其内在逻辑关系连接在一起；最后，适当调整各个符号的布局，使整个流程图显得美观。

在运动轨迹的软件工程项目中，工业机器人按照图 1-1 所示的轨迹运动，依次经过 P1、P2、P3、P4 和 P5 点，其程序流程图如图 1-3 所示。

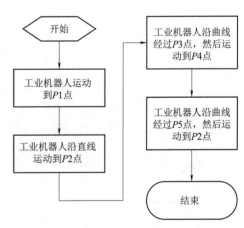

图 1-3 在运动轨迹的软件工程项目中，工业机器人的程序流程图

二、习题

1. 在面向过程的软件工程思想中，软件开发的步骤包括 _____、_____、_____、_____、_____、_____和_____。

2. 工业机器人编程的本质是_____的过程；编程的意义是_____；编程的具体表现是_____。

3. _____是描述程序处理过程的工具。它有 3 种基本控制结构，即_____、_____和_____。

4. 请填写表 1-2 中符号的具体含义。

表 1-2　题 4 表

符号	含义	符号	含义
▭	——	⬡	——
◇	——	▢	——
⌐	——	⬭	——
⏢	——	◢	——
▱	——	→	——

5. 请绘制以下运动轨迹的流程图。

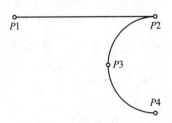

评价内容		分值	教师评价
知识	• 了解工业机器人定义与构型分类 • 熟悉工业机器人本体基本组成 • 了解工业机器人编程技术观 • 了解面向过程的软件工程思想	30	
能力	• 能绘制工业机器人程序流程图 • 能运用工业机器人编程技术观识别编程行为和编程水平 • 能在面向过程的软件工程思想的指导下，开展编程工作	30	
素质	• 热爱工业机器人编程技术 • 具备爱岗敬业的精神 • 具备不骄不躁和专心致志的精神 • 能用辩证法的观点解读工业机器人本体	40	
他人评价		自我反思	

项目2 虚拟仿真实训项目

情景1 基本轨迹

学习目标

学生首先规划工业机器人的运动轨迹，然后编写工业机器人程序，最后耐心、专注地调试程序。在整个过程中不能急于求成。具体目标包括以下内容。

知识目标	能力目标	素质目标
• 了解上电使能的概念 • 末端执行器 • 熟悉基坐标系 • 熟悉关节坐标系 • 熟悉工业机器人编程指令 • 熟悉工业机器人示教器 • 理解工业机器人姿态	• 能使工业机器人上电使能 • 能手动操作工业机器人运行 • 能操作末端执行器对工件进行作业 • 能手动调整工业机器人姿态 • 能切换工业机器人的坐标系 • 能编写工业机器人程序 • 能操作工业机器人示教器 • 能根据工业机器人姿态数据调整程序 • 能创建工业机器人程序 • 能添加工业机器人指令 • 能调试工业机器人程序 • 能按照安全操作规范操作工业机器人	• 具备求真务实、严谨踏实的工作作风

职业情境与教学情境

　　毛笔是中国的一种书写工具。殷墟出土的文物表明，三千多年前的商王朝就已经开始使用毛笔。毛笔属于文房四宝之一，通常采用兽毛制作，如兔毛、羊毛、狼毛等。"蒙恬造笔"的传说就描述了蒙恬大将军用兔毛、竹管制笔，并在行军过程中用毛笔书写家书的场景。居延遗址中出土的毛笔称为"汉居延笔"，它标志着中国制笔业的诞生。东汉的《笔赋》是中国制笔史上的第一部专著，该专著对毛笔的选料、制作、功能等都做了详细评述。唐代时，侯店毛笔已经名满天下，并且被定为御用供品。元明时期，浙江湖州人用山羊毛制作羊毫笔，到了清代，湖州成为中国毛笔制作的中心地区。图2-1所示为使用毛笔书写汉字。

图2-1　使用毛笔书写汉字

　　至今，人们依然使用毛笔书写汉字，如对联。现在，人们开始尝试使用工业机器人书写毛笔字。在毛笔书写汉字的环境中，毛笔、纸和墨汁是必不可少的物品，人手持毛笔，然后蘸墨汁，最后在纸上书写汉字。虚拟写字工作站（见图2-2）参照该环境搭建，该工作站包括虚拟工业机器人、虚拟写字台和虚拟毛笔。虚拟工业机器人扮演人的手臂，并且在工业机器人的末端安装有抓笔的末端执行器；虚拟写字台扮演纸；虚拟写字台的左上角有一支虚拟毛笔，虚拟毛笔在虚拟写字台上可以产生红色笔迹。工业机器人的末端执行器可以执行抓笔和放笔两种动作。

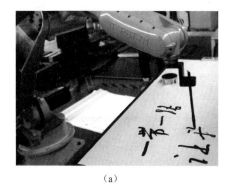
（a）

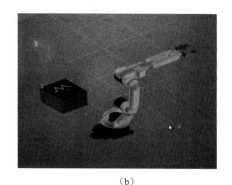
（b）

图2-2　虚拟写字工作站

在该虚拟写字工作站中，操作员编写并调试工业机器人程序，从而使工业机器人虚拟在写字台上书写"王"字，如图2-3所示。调试结束后，工业机器人必须在连续自动运行的情况下正常书写汉字。在完成工作任务的过程中，操作员应发扬求真务实的工作作风。请同学们在学习过程中记笔记并在学习结束后，将自己的学习成果写成报告。

图2-3　"王"字实例图

工作过程　编程与调试

工作目标

- 工业机器人程序完整
- 程序无故障运行
- 工业机器人能书写出"王"字

学习内容 NEWS

- 工业机器人示教器的操作
- 工业机器人程序的操作
- 工业机器人指令的操作
- 工业机器人输出信号端口的操作

一、资讯

1. 运动轨迹

如图 2-4 所示,在书写"王"字时,工业机器人先书写上方的一横,所以工业机器人先运动到 $P1$ 点,然后走直线轨迹,到达 $P2$ 点,工业机器人回到该横线的中间点 $P3$,然后走直线轨迹,到达 $P4$ 点,此时,工业机器人书写完"王"字的一竖;工业机器人从 $P4$ 点走直线轨迹,运动到 $P5$ 点,开始书写"王"字中间的一横,即从 $P5$ 点运动到 $P6$ 点,然后再走直线运动到 $P7$ 点,最后回到 $P5$ 点;为了书写

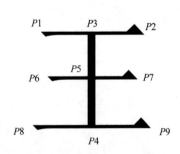

图 2-4　"王"字运动轨迹

"王"字的最后一横,工业机器人先运动到 $P4$ 点,然后走直线运动到 $P8$ 点,再走直线运动到 $P9$ 点。整个书写轨迹是 $P1{\rightarrow}P2{\rightarrow}P3{\rightarrow}P4{\rightarrow}P5{\rightarrow}P6{\rightarrow}P7{\rightarrow}P5{\rightarrow}$ $P4{\rightarrow}P8{\rightarrow}P9$。

2. 编写程序

为了使工业机器人能够执行上述轨迹，在工业机器人示教器中添加基本轨迹程序（未调试），如表 2-1 所示。在添加程序的过程中，操作员应规范手持示教器。在该程序中，$P0$ 是机械原点，OT0 是夹爪的电磁阀控制端口，$P10$ 是虚拟毛笔抓取点，$P20$ 是抓取点上方的安全点。

表 2-1　基本轨迹程序（未调试）

行号	程序代码	行号	程序代码
1	MAIN：	14	MOVL P6, V100, Z0;
2	MOVJ P0, V100, Z0;	15	MOVL P7, V100, Z0;
3	DOUT OT0, ON;	16	MOVL P5, V100, Z0;
4	MOVJ P20, V100, Z0;	17	MOVL P4, V100, Z0;
5	MOVL P10, V100, Z0;	18	MOVL P8, V100, Z0;
6	DOUT OT0, OFF;	19	MOVL P9, V100, Z0;
7	MOVL P20, V100, Z0;	20	MOVJ P20, V100, Z0;
8	MOVJ P1, V100, Z0;	21	MOVL P10, V100, Z0;
9	MOVL P1, V100, Z0;	22	DOUT OT0, ON;
10	MOVL P2, V100, Z0;	23	MOVL P20, V100, Z0;
11	MOVL P3, V100, Z0;	24	MOVJ P10, V100, Z0;
12	MOVL P4, V100, Z0;	25	END;
13	MOVL P5, V100, Z0;	26	—

3. 示教

程序包含很多点。在虚拟写字台上，每个点的实际位置并没有确定，但如果"王"字运动轨迹（见图 2-4）贴在虚拟写字台的表面，则每个点的实际位置就可以确定，工业机器人可以示教所有的点。部分示教点的位置数据是固定值，如表 2-2 所示。在示教时，为了笔迹清晰，虚拟毛笔必须接触虚拟写字台表面。

表 2-2　关节实际位置数据（未调试）

关节	$P10$
S	105. 17
L	47. 85
U	21. 57
R	15. 77
B	−74. 25
T	−5. 53

4. 调试运行

在示教完成后，将示教器切换到程序窗口，并移动光标至 MAIN 程序。在单步运行模式下，手动运行程序。如果工业机器人的运行情况不理想，则说明程序存在问题，需要调试人员对问题进行分析与解决。

5. 整体运行

操作员在示教器中将运行模式调整到连续运行模式，在程序窗口，先将光标移至 MAIN 程序，然后手动按下"使能"按键。操作员持续按下"前进"按键，如果工业机器人运行情况不理想，则说明程序依然存在问题，需要重新调试。

二、习题

1. 程序代码 MOVJ P0，V100，Z0；的含义是（　　）。

A. 工业机器人走直线轨迹，并运动到 $P0$ 点

B. 工业机器人走任意轨迹，并运动到 $P0$ 点

C. 工业机器人走曲线轨迹，并运动到 $P0$ 点

D. 工业机器人的运动速度为最大速度的 100%

E. 工业机器人运动到 $P0$ 点后，误差精度为 0

2. 程序代码 MOVL P10，V100，Z0；的含义是（　　）。

A. 工业机器人走直线轨迹，并运动到 $P10$ 点

B. 工业机器人走任意轨迹，并运动到 $P10$ 点

C. 工业机器人走曲线轨迹，并运动到 $P10$ 点

D. 工业机器人的运动速度为 10

E. 工业机器人运动到 $P0$ 点后，误差精度为 0

3. 程序代码 DOUT OT0，ON；的含义是（　　　）。

A. 工业机器人的信号端口 OT0 输出状态为 ON，继电器闭合

B. 工业机器人的信号端口 OT0 输出状态为 OFF，继电器断开

C. 工业机器人的信号端口 OT1 输出状态为 ON，继电器闭合

D. 工业机器人的信号端口 OT0 输入状态为 ON

E. 工业机器人的信号端口 OT0 输入状态为 OFF

4. 操作工业机器人书写"中"或"国"字，或者绘制爱心符号，如图 2-5 所示。请绘制示教点，并编写工业机器人程序。

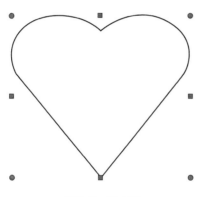

图 2-5　题 4 图

学习评价

评价内容		分值	教师评价
知识	• 了解上电使能的概念 • 了解末端执行器 • 熟悉基坐标系 • 熟悉关节坐标系 • 熟悉工业机器人编程指令 • 熟悉工业机器人示教器 • 理解工业机器人姿态	30	

续表

评价内容		分值	教师评价
能力	• 能使工业机器人上电使能 • 能手动操作工业机器人运行 • 能操作末端执行器对工件进行作业 • 能手动调整工业机器人姿态 • 能切换工业机器人的坐标系 • 能编写工业机器人程序 • 能操作工业机器人示教器 • 能根据工业机器人姿态数据调整程序 • 能创建工业机器人程序 • 能添加工业机器人指令 • 能调试工业机器人程序 • 能按照安全操作规范操作工业机器人	30	
素质	• 具备求真务实、严谨踏实的工作作风	40	
他人评价		自我反思	

情景2 乒乓球分拣

学习目标

学生编写工业机器人程序，并分别在单段和连续运行模式下对程序进行调试。具体目标包括如下内容。

知识目标	能力目标	素质目标
• 熟悉单段/连续运行模式 • 了解生产力的构成要素 • 了解末端执行器 • 熟悉工业机器人编程指令	• 能在单段/连续运动模式之间进行切换 • 能操作末端执行器对工件进行作业 • 能编写工业机器人程序	• 能从生产力的角度解读工作站

职业情境与教学情境

乒乓球是中国的国球，是一种非常流行的球类体育项目。每一个简单的乒乓球背后都有一个漫长的制作过程。制作乒乓球的原材料是赛璐珞，它是一种外观呈有色、无色、透明或不透明的片状材料，柔软并且富有弹性。在生产前，生产厂家挑选原材料时，会弃用厚度超过 0.8 mm 的赛璐珞。赛璐珞原材料被设备挤压成型，从而形成乒乓球球体。配套的半圆体组合在一起，接缝处放入溶剂，一边融合，一边黏合。黏合完成后，球体进入风干环节。风干完成后，球体进入打磨环节，可使球体更光滑。打磨光滑后，球体进入检验环节，该环节主要检查球体有无破损，球体中心有无偏离，球体硬度、球体质量和球体圆度是否符合要求。检验完成后，将所有乒乓球按照指定的包装规格分盒包装。工业机器人负责把检验合格的乒乓球分拣到不同的盒子中。因此，广数工业机器人虚拟仿真实训平台有一个乒乓球分拣工作站，如图 2-6 所示。该工作站有三个盒子、一个乒乓球槽和一个工业机器人，每个盒子都可以放置乒乓球。在开始时，所有的乒乓球都在乒乓球槽中。工业机器人分拣乒乓球到不同盒子。

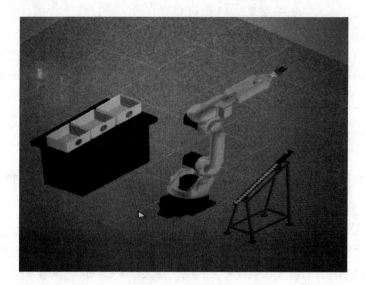

图 2-6 乒乓球分拣工作站

编写工业机器人程序，实现以下功能。

（1）工业机器人在乒乓球槽中抓取乒乓球。

（2）工业机器人在盒子中放置乒乓球。

（3）在每个盒子中放 1 个乒乓球。

工作过程　编程与调试

工作目标

- 工业机器人程序完整
- 程序无故障运行
- 工业机器人能在乒乓球槽中抓取乒乓球
- 工业机器人能在盒子中放置乒乓球
- 每个盒子里面有 1 个乒乓球

学习内容

- 工业机器人示教器的操作
- 工业机器人程序的操作
- 工业机器人指令的操作
- 工业机器人输出信号端口的操作

一、资讯

1. 运动轨迹

如图 2-7 所示,在乒乓球分拣的过程中,工业机器人从 $P1$ 点抓取乒乓球,然后经过 $P2$、$P3$ 点,到达 $P4$ 点。如果将乒乓球放入下方的盒子,则工业机器人从 $P4$ 点出发,经过 $P9$ 点,到达 $P10$ 点;如果将乒乓球放入中间的盒子,则工业机器人从 $P4$ 点出发,经过 $P7$ 点,到达 $P8$ 点;如果将乒乓球放入上方的盒子,则工业机器人从 $P4$ 点出发,经过 $P5$ 点,到达 $P6$ 点。$P1$ 点是乒乓球抓取点;$P10$、$P8$ 和 $P6$ 点是三个盒子的乒乓球放置点;$P9$、$P7$、$P5$、$P4$、$P3$、$P2$ 点都是过渡点。

2. 编写程序

为了使工业机器人执行上述轨迹,在工业机器人示教器中添加分拣程序。整个程序包括一个主程序和两个子程序,如表 2-3、表 2-4、表 2-5 所示。其中

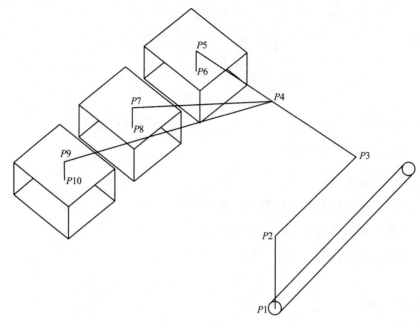

图 2-7　乒乓球分拣轨迹

子程序 FUN1 实现抓取乒乓球的过程；子程序 FUN2 实现从 *P*4 点退回 *P*2 点的过程。主程序调用两个子程序；子程序被执行完后，示教器返回程序调用处，并继续向下执行。在该程序中，OT5 是控制气抓的信号端口，*P*1 是乒乓球抓取点，*P*6、*P*8、*P*10 是乒乓球放置点，*P*2、*P*5、*P*7 和 *P*9 是安全点，*P*0 是机械原点，*P*3、*P*4 是过渡点。

表 2-3　主程序（未调试）

行号	程序代码	行号	程序代码
1	MAIN：	12	DOUT OT5，ON；
2	MOVJ P0，V100，Z0；	13	MOVJ P7，V100，Z0；
3	CALL FUN1；	14	CALL FUN2；
4	MOVJ P5，V100，Z0；	15	CALL FUN1；
5	MOVJ P6，V100，Z0；	16	MOVJ P9，V100，Z0；
6	DOUT OT5，ON；	17	MOVJ P10，V100，Z0；
7	MOVJ P5，V100，Z0；	18	DOUT OT5，ON；
8	CALL FUN2；	19	MOVJ P9，V100，Z0；
9	CALL FUN1；	20	CALL FUN2；
10	MOVJ P7，V100，Z0；	21	MOVJ P0，V100，Z0；
11	MOVJ P8，V100，Z0；	22	END；

表 2-4　子程序 FUN1（未调试）

行号	程序代码	行号	程序代码
1	MAIN：	5	MOVL P2，V100，Z0；
2	MOVJ P2，V100，Z0；	6	MOVJ P3，V100，Z0；
3	MOVL P1，v100，Z0；	7	MOVJ P4，V100，Z0；
4	DOUT OT5，OFF；	8	END；

表 2-5　子程序 FUN2（未调试）

行号	程序代码	行号	程序代码
1	MAIN：	4	MOVJ P2，V100，Z0；
2	MOVJ P4，V100，Z0；	5	DOUT OT5，ON；
3	MOVJ P3，V100，Z0；	6	END；

3. 示教

程序包含很多点。在实际环境中，这些点的具体位置并不确定。将乒乓球分拣轨迹（见图 2-7）与实际环境作对比，标注各个点在实际环境中的位置。在示教模式下，工业机器人可示教所有的点。部分示教点的位置数据是固定值（见表 2-6），其余点的位置自定义。

表 2-6　关节实际位置数据

关节	$P1$	$P10$	$P8$	$P6$
S	-112.83	113.53	94.23	71.29
L	6.62	25.02	22.59	21.23
U	23.53	-11.53	-4.59	-6.77
R	-0.47	-3.27	-0.47	-4.21
B	61.94	79.05	73.19	75.29
T	-1.24	-7.77	3.00	-49.64

注：各个数据的误差是±1。

4. 调试运行

在示教完成后，将示教器切换到程序窗口，并移动光标至 MAIN 程序。在单步运行模式下，手动运行程序。如果工业机器人的运行情况不理想，则说明程序存在问题，需要调试人员对问题进行分析与解决。

5. 整体运行

将示教器的运行模式切换到"再现"模式，并移动光标至 MAIN 程序，然后伺服准备。在按下"启动"按键后，示教器弹出一个提示框，选择"是"代表运行程序，选择"否"代表不运行程序。在"再现"模式下，如果工业机器人运行情况不理想，则说明程序依然存在问题，需要重新调试。

二、习题

1. 程序代码 CALL FUN2；的含义是（　　　）。

A. 调用外部子程序 FUN2，并转入外部子程序；在子程序结束后，不返回调用处

B. 调用外部子程序 FUN2，但是不转入外部子程序，外部子程序在后台执行

C. 调用外部子程序 FUN2，并转入外部子程序；在子程序结束后，返回调用处，并继续向下执行

D. 以上都不正确

2. 主程序可以调用子程序，子程序也可以调用主程序。（　　　）

A. 正确　　　　　　　　　B. 错误

3. 乒乓球抓取点的姿态数据是多少？

S＿＿＿　　　L＿＿＿　　　U＿＿＿　　　R＿＿＿　　　B＿＿＿　　　T＿＿＿

4. 如果工业机器人夹爪抓球，则信号端口 OT5 输出（　　　）信号。

A. ON　　　　　　　　　B. OFF

学习评价

	评价内容		分值	教师评价
知识	• 熟悉单段/连续运行模式 • 了解生产力的构成要素 • 了解末端执行器 • 熟悉工业机器人编程指令		30	
能力	• 能在单段/连续运动模式之间进行切换 • 能操作末端执行器对工件进行作业 • 能编写工业机器人程序		30	
素质	• 能从生产力的角度解读工作站		40	
他人评价		自我反思		

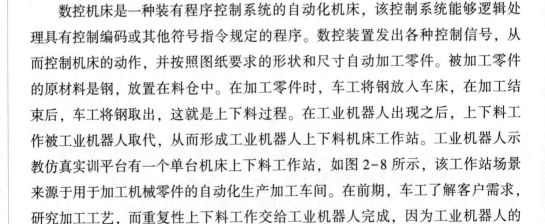

情景 3　单台机床上下料

学习目标

完成工业机器人程序编写和调试后，学生在手动和自动模式下运行程序。具体目标包括如下内容。

知识目标	能力目标	素质目标
• 熟悉手动/自动运行模式 • 了解末端执行器 • 熟悉工业机器人编程指令	• 能操作末端执行器对工件进行作业 • 能在手动/自动模式之间进行切换 • 能编写工业机器人程序	• 热爱劳动

职业情境与教学情境

数控机床是一种装有程序控制系统的自动化机床，该控制系统能够逻辑处理具有控制编码或其他符号指令规定的程序。数控装置发出各种控制信号，从而控制机床的动作，并按照图纸要求的形状和尺寸自动加工零件。被加工零件的原材料是钢，放置在料仓中。在加工零件时，车工将钢放入车床，在加工结束后，车工将钢取出，这就是上下料过程。在工业机器人出现之后，上下料工作被工业机器人取代，从而形成工业机器人上下料机床工作站。工业机器人示教仿真实训平台有一个单台机床上下料工作站，如图 2-8 所示，该工作站场景来源于用于加工机械零件的自动化生产加工车间。在前期，车工了解客户需求，研究加工工艺，而重复性上下料工作交给工业机器人完成，因为工业机器人的运动速度比人的操作速度快，所以该做法提高了生产加工效率。同时，工业机器人也不知道疲劳，所以上下料工作站的工作时间可以超过 8 小时。

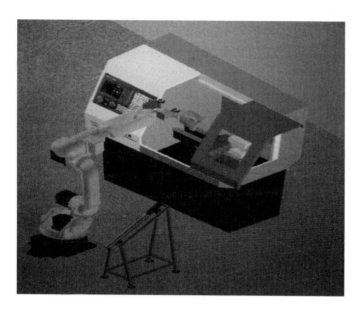

图 2-8　单台机床上下料工作站

工作任务

编写工业机器人程序，实现以下功能：

（1）工业机器人抓取加工物料。

（2）工业机器人控制机床自动开门/关门。

（3）工业机器人上料。

（4）工业机器人下料。

（5）工业机器人放置物料。

工作过程 编程与调试

工作目标

- 工业机器人程序完整
- 工业机器人能抓取加工物料
- 工业机器人能控制机床开门/关门
- 工业机器人能上下料
- 工业机器人能放置物料

学习内容 NEWS

- 工业机器人示教器的操作
- 工业机器人程序的操作
- 工业机器人指令的操作
- 工业机器人输出信号端口的操作

一、资讯

1. 运动轨迹

工业机器人负责上下料工作，因此，工业机器人有两条运动轨迹，即一条上料轨迹，一条下料轨迹。如图 2-9 所示，上料轨迹的起点是 P2 点，工业机器人先运动到 P1 点，抓取物料，然后回到 P2 点。工业机器人在抓取物料后，运动到机床门口的 P3 点。此时，工业机器人发出开门信号，并等待机床开门到位信号。在机床开门后，工业机器人运动到 P4 点，然后走直线轨迹到 P5 点，该点是物料的加工卡位，所以工业机器人发出机床卡盘卡物料的信号。在机床卡盘卡住物料后，工业机器人走直线轨迹到 P4 点，再运动到 P3 点。此时，工业机器人已退出机床的工作空间，并发出关门信号。在机床门关闭后，工业机器人发出加工信号，机床开始工作。

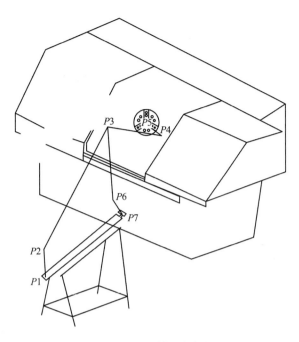

图 2-9　上下料运动轨迹

在零件加工结束后，工业机器人发出开门信号。工业机器人运动到 *P4* 点，然后走直线轨迹到 *P5* 点，先抓取物料，再发出机床松开卡盘的信号。工业机器人在抓取物料的情况下走直线轨迹到 *P4* 点，再运动到 *P3* 点。此时，机床已经卸载物料。工业机器人再运动到 *P6* 点，最后到达 *P7* 点，并发出张开夹爪的信号，此时，工业机器人完成放置物料的工作。上料轨迹的起点是 *P2* 点，轨迹路线是 *P2*→*P1*→*P2*→*P3*→*P4*→*P5*→*P4*→*P3*。下料轨迹的起点是 *P3*，轨迹路线是 *P3*→*P4*→*P5*→*P4*→*P3*→*P6*→*P7*→*P6*。

2. 编写程序

为了使工业机器人执行上述轨迹，在工业机器人示教器中添加单台机床上下料程序（未调示），如表 2-7 所示。在该程序中，OT0 是夹爪 1 的电气阀控制端口，OT1 是夹爪 2 的电气阀控制端口，OT3 是机床门开关信号端口，OT4 是卡盘松紧信号，IN0 是机床门到位信号，*P1* 是物料抓取点，*P7* 是物料放置点，*P5* 是物料加工卡位。

表 2-7　单台机床上下料程序（未调试）

行号	程序代码	行号	程序代码
1	MAIN：	21	MOVL P4，V100，Z0；
2	LAB0：	22	MOVL P3，V100，Z0；
3	MOVL P2，V100，Z0；	23	DOUT OT3，OFF；
4	DOUT OT0，ON；	24	DELAY T1；
5	MOVL P1，V100，Z0；	25	DOUT OT3，ON；
6	DELAY T2；	26	WAIT IN0，ON，T0；
7	DOUT OT0，OFF；	27	MOVJ P4，V100，Z0；
8	DELAY T1；	28	MOVL P5，V100，Z0；
9	MOVL P2，V100，Z0；	29	DOUT OT0，OFF；
10	MOVJ P3，V20，Z0；	30	DELAY T1；
11	DOUT OT3，ON；	31	DOUT OT4，ON；
12	DELAY T1；	32	DELAY T1；
13	MOVL P4，V100，Z0；	33	MOVL P4，V100，Z0；
14	DOUT OT4，ON；	34	MOVL P3，V100，Z0；
15	DELAY T2；	35	MOVL P6，V100，Z0；
16	MOVL P5，V100，Z0；	36	MOVJ P7，V20，Z0；
17	DOUT OT4，OFF；	37	DOUT OT1，OFF；
18	DELAY T1；	38	MOVL P6，V100，Z0；
19	DOUT OT0，ON；	39	JUMP LAB0；
20	DELAY T1；	40	END；

注：各个数据的误差是±1。

3. 示教

将上下料运动轨迹（见图 2-9）与实际环境作对比，在确定各个点的实际位置后，工业机器人可示教所有的点。部分示教点的位置数据是固定值（见表 2-8）。$P1$ 点是抓取物料的点；$P7$ 点是物料放置点；$P3$ 点必须在机床外部；$P5$ 点是机床卡盘卡住物料的点；$P2$、$P4$、$P6$ 都是安全点。

表 2-8　关节实际位置数据（未调试）

关节	$P1$	$P7$	$P5$	$P4$
S	−116.93	−75.38	−1.92	−6.43
L	−1.15	−9.63	56.09	56.32
U	33.79	8.93	−70.63	−71.32
R	14.27	22.22	3.38	3.33
B	58.47	81.02	92.63	92.84
T	−120.81	−79.99	−94.05	−93.08

4. 调试运行

在示教完成后，将示教器切换到程序窗口，并移动光标至 MAIN 程序，在单步运行模式下，手动运行程序。如果工业机器人的运行情况不理想，则说明程序存在问题，需要调试人员对问题进行分析与解决。

5. 整体运行

将示教器的运行模式切换到"再现"模式，并移动光标至 MAIN 程序，然后伺服准备。在按下"启动"按键后，示教器弹出一个提示框，选择"是"代表运行程序，选择"否"代表不运行程序。在"再现"模式下，如果工业机器人运行情况不理想，则说明程序依然有问题，需要重新调试。

二、习题

1. 在上料时，下面哪个描述正确？（　　　）

A. 工业机器人先张开夹爪，然后卡盘卡住物料。

B. 卡盘先卡住物料，然后工业机器人张开夹爪。

C. 当工业机器人位于 $P4$ 点时，机床卡盘紧闭。

D. 工业机器人先到 $P5$ 点，再到 $P4$ 点。

2. 工业机器人取料位置是（　　　）。

A. $P1$ 点　　　　　B. $P7$ 点　　　　　C. $P5$ 点　　　　　D. $P3$ 点

3. 工业机器人放料位置是（   ）。

A. *P*1 点   B. *P*7 点   C. *P*5 点   D. *P*3 点

4. 工业机器人控制门开关和闭合的信号端口是（   ）。

A. OT0   B. OT1   C. OT3   D. OT4

4. 机床卡盘的控制信号端口是（   ）。

A. OT0   B. OT1   C. OT3   D. OT4

4. 信号端口 IN0 的用途是（   ）。

A. 判断机床卡盘是否卡住物料

B. 判断工业机器人是否卡住物料

C. 判断机床门是否张开到位

D. 判断工业机器人的夹爪是否张开

5. 对于 *P*3 描述正确的内容是（   ）。

A. 该位置在车床内部

B. 该位置在车床外部

C. 该位置可以不存在

D. 在上料时，工业机器人经过 *P*3 点；在下料时，工业机器人不经过 *P*3 点

6. 工业机器人在卡盘中取料时，延时指令的目的是等待机械动作完毕。（   ）

A. 正确   B. 错误

  学习评价

评价内容		分值	教师评价
知识	• 熟悉手动/自动运行模式 • 了解末端执行器 • 熟悉工业机器人编程指令	30	
能力	• 能操作末端执行器对工件进行作业 • 能在手动/自动模式之间进行切换 • 能编写工业机器人程序	30	
素质	• 热爱劳动	40	

续表

他人评价	自我反思

项目 3　码垛搬运项目

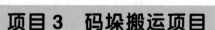
情景　搬运码垛编程

学生编写工业机器人程序实现工业机器人变速运动。具体目标包括如下内容。

知识目标	能力目标	素质目标
• 理解工业机器人的运动速度分挡 • 了解末端执行器 • 了解机械零点的概念 • 熟悉工业机器人编程指令	• 能操作末端执行器对工件进行作业 • 能在手动运行模式下设置工业机器人的运动速度 • 能在自动运行模式下设置工业机器人的运动速度 • 能使工业机器人回到机械零点 • 能对机器人进行零位校准 • 能编写工业机器人程序	• 具备坚持不懈的意志 • 具备精益求精的精神 • 能穿规范的工装操作工业机器人

职业情境与教学情境

在机械装配生产企业，有大量的装配零件需要搬运和装配。料仓存放所有可用的装配零件；输送线负责传送指定的装配零件；工件工装摆放架存放待装配零件。在智能生产线中，工业机器人负责完成码垛搬运工作。工业机器人码垛工作站源于该工作场景，如图 3-1 所示。在该场景中，工业机器人从料仓中取出码垛，并搬运到输送线的入口；工业机器人启动输送信号，码垛被传送到输送线的出口；工业机器人在输送线的出口取走码垛，并放置在工件工装摆放架。

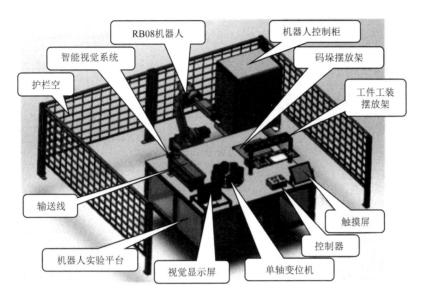

图 3-1　码垛工作站 1

工作任务

操作员利用仿真软件先学习编程，并不代表学习结束，而应该在真实的工作站中坚持不懈地学习。请操作员穿上规范的工装，然后编写工业机器人程序，并实现搬运流程。

（1）工业机器人将码垛从料仓搬运到输送线。

（2）工业机器人启动输送线。

（3）码垛输送完毕后，工业机器人搬运码垛到工件工装摆放架。

工作过程　编程与调试

工作目标

- 工业机器人程序完整
- 工业机器人能无故障运行程序
- 工业机器人能按照搬运流程完成码垛搬运工作

学习内容

- 工业机器人示教器的操作
- 工业机器人程序的操作
- 工业机器人指令的操作

一、资讯

1. 运动轨迹

在码垛工作站（见图 3-2），工业机器人的起始位置是机械原点 $P0$ 点。$P1$ 点是码垛抓取点，$P2$ 点是码垛输送的起始点，$P3$ 点是码垛输送的终止点，$P4$ 点是码垛放置点。工件工装摆放架有多个工件摆放位置，$P4$ 点可以是任意一个工件摆放位置。工业机器人从机械原点 $P0$ 点出发，运动到 $P1$ 点的正上方（即 $P10$ 点）。然后垂直运动到 $P1$ 点，并抓取码垛。工业机器人在携带码垛的情况下垂直上升，到达保证码垛脱离单轴变位机的位置即 $P110$ 点。在码垛脱离单轴变位机后，工业机器人将码垛带到 $P2$ 点上方任意一点（即 $P20$ 点），然后缓慢运动到 $P2$ 点，并释放码垛。在释放码垛后，工业机器人不能妨碍输送线工作，所以工业机器人必须远离输送线。因此，工业机器人运动到 $P2$ 点上方的 $P20$ 点。码垛已经被带到输送线的入口位置，所以工业机器人可以发送输送线启动信号。输送线传送完毕后，码垛位于输送线的出口位置（即 $P3$ 点）。工业机器人运动到 $P3$ 点垂直上方的某个安全点（即 $P30$ 点），然后缓慢运动到 $P3$ 点，并抓取码垛，再将其搬运到工件工装摆放架的 $P4$ 点的正上方 $P40$ 点，然后缓慢运动到 $P4$ 点，并释放码垛。上述流程描述的轨迹是 $P0 \rightarrow P10 \rightarrow P1 \rightarrow P110 \rightarrow P20 \rightarrow$

$P2 \rightarrow P20 \rightarrow P30 \rightarrow P3 \rightarrow P30 \rightarrow P40 \rightarrow P4 \rightarrow P40 \rightarrow P0$。

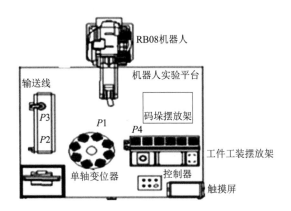

图 3-2 码垛工作站 2

2. 编写程序

工业机器人在 $P2$ 和 $P4$ 点有夹爪释放动作，工业机器人在 $P1$ 和 $P3$ 有夹爪抓取动作。夹爪动作的控制信号端口是 OT8 和 OT9，夹爪动作与控制信号端口状态的关系如表 3-1 所示。

表 3-1 夹爪动作与控制信号端口状态的关系

夹爪动作	OT8 状态	OT9 状态
夹紧	ON	OFF
释放	OFF	ON

在示教器中，操作员新建工业机器人程序，码垛搬运程序如表 3-2 所示。

表 3-2 码垛搬运程序

行号	程序代码	行号	程序代码
1	MAIN：	6	MOVL P1, V10, Z0;
2	MOVJ P0, V100, Z0;	7	DOUT OT8, ON;
3	DOUT OT8, OFF;	8	DOUT OT9, OFF;
4	DOUT OT9, ON;	9	MOVL P110, V100, Z0;
5	MOVJ P10, V100, Z0;	10	MOVJ P20, V100, Z0;

续表

行号	程序代码	行号	程序代码
11	MOVJ P2, V10, Z0;	21	DOUT OT9, OFF;
12	DOUT OT8, OFF;	22	MOVJ P30, V100, Z0;
13	DOUT OT9, ON;	23	MOVJ P40, V100, Z0;
14	MOVJ P20, V100, Z0;	24	MOVL P4, V10, Z0;
15	DOUT OT41, ON;	25	DOUT OT8, OFF;
16	DELAY T2;	26	DOUT OT9, ON;
17	DOUT OT41, OFF;	27	MOVL P40, V100, Z0;
18	MOVJ P30, V100, Z0;	28	MOVJ P0, V100, Z0;
19	MOVJ P3, V10, Z0;	29	END;
20	DOUT OT8, ON;		

3. 示教

在搬运码垛的整个运动轨迹中，工业机器人共有 14 个示教点，每个示教点都需要逐一示教。在示教时，操作员应发扬精益求精的精神，确保示教点的精确度。$P1$ 点、$P2$ 点、$P3$ 点和 $P4$ 点的位置取决于设备的位置；$P10$ 点必须在 $P1$ 点的正上方；$P110$ 点必须保证码垛已经脱离单轴变位机的立柱；$P20$ 点和 $P30$ 点之间不能有任何障碍物；$P40$ 点必须在 $P4$ 点的正上方。

4. 调试运行

将示教器的界面切换到程序窗口。在没有码垛的情况下，先手动单步运行工业机器人，并观察工业机器人的运动轨迹是否正确。如果其运动轨迹不符合预设轨迹，则单独修改有问题的指令。

在确保运动轨迹没有问题后，在码垛的抓取点和释放点放置码垛，工业机器人分别运动到抓取点和释放点，并单独运行抓取和释放指令。操作员观察工业机器人是否能抓取或释放码垛。如果工业机器人执行的动作不正确，则修改信号输出指令的端口号。

在确保运动指令和动作指令没有问题后，清空所有的码垛，只在 $P1$ 点放置码垛，然后，手动单步运行工业机器人的程序指令，并观察工业机器人运动轨迹是否正确，以及是否能够正确地抓取或释放码垛。

5. 整体运行

将示教器的运行模式切换到"再现"模式，并移动光标至 MAIN 程序，然后伺服准备。在按下"启动"按键后，示教器弹出一个提示框，选择"是"代表运行程序，选择"否"代表不运行程序。在"再现"模式下，如果工业机器人运行情况不理想，则说明程序依然有问题，需要重新调试。

二、习题

1. 单轴变位机的作用是（　　　）。

A. 存放码垛　　　　　　B. 运输码垛　　　　　　C. 工件装配

2. 程序代码 MOVL P1，V10，Z0；的含义是什么？（　　　）

A. 工业机器人运动到 P0 点，并且运动速度为最大速度的 10%，误差尽可能最小。

B. 工业机器人运动到 P1 点，并且运动速度为最大速度的 100%，误差尽可能最小。

C. 工业机器人运动到 P1 点，并且运动速度为最大速度的 10%，误差尽可能最小。

D. 工业机器人运动到 P1 点，并且运动速度为最大速度的 10%，误差为 0。

3. 启动输送线的程序代码是哪个？（　　　）

A. DOUT OT41，ON；　　　　　　B. DOUT OT41，OFF；

C. DOUT OT8，OFF；　　　　　　D. DOUT OT9，ON；

4. 夹爪释放码垛的程序代码是哪个？（　　　）

A. DOUT OT8，ON；

B. DOUT OT9，OFF；

C. DOUT OT8，ON；DOUT OT9，OFF；

D. DOUT OT41，ON；

E. DOUT OT41，OFF；

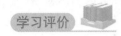 学习评价

评价内容		分值	教师评价
知识	• 理解工业机器人的运动速度分挡 • 了解末端执行器 • 了解机械零点的概念 • 熟悉工业机器人编程指令	30	
能力	• 能操作末端执行器对工件进行作业 • 能在手动运行模式下设置工业机器人的运动速度 • 能在自动运行模式下设置工业机器人的运动速度 • 能使工业机器人回到机械零点 • 能对机器人进行零位校准 • 能编写工业机器人程序	30	
素质	• 具备坚持不懈的意志 • 具备精益求精的精神 • 能穿规范的工装操作工业机器人	40	
他人评价		自我反思	

项目4　焊接项目

情景　焊接轨迹编程

学习目标

学生在工业机器人系统中正确设置焊接参数，然后编写焊接程序。具体目标包括如下内容。

知识目标	能力目标	素质目标
• 了解工业机器人的用户权限 • 了解末端执行器 • 了解急停的概念 • 熟悉工业机器人编程指令 • 了解工业机器人系统参数的作用 • 熟悉工业机器人系统参数的概念 • 了解变位机	• 能修改示教器的用户权限 • 能操作末端执行器对工件进行作业 • 能设置工业机器人系统参数 • 能解除急停状态 • 能编写工业机器人程序 • 能使工业机器人急停 • 能利用示教器控制变位机运动	• 具备提高利润的经济意识

职业情境与教学情境

在人类学会应用金属材料后，焊接技术也开始出现。古代的焊接工艺主要包括铸焊、钎焊和锻焊。商朝时期制造的铁刃铜钺就是铁与铜的铸焊件，其表面的铁与铜的熔合线蜿蜒曲折，并且接合良好。春秋战国时期建造的曾侯乙墓，其内铜建鼓座上的8对盘龙，就是通过分段钎焊工艺连接而成的。战国时期，刀刀为钢，刀背为熟铁，刀、剑是经过加热锻焊而成的。据《天工开物》一书记载：在中国古代，打铁匠将铜和铁一起放入炉中加热，然后锻打，从而制造刀和斧；打铁匠也会把黄泥或筛细的陈久壁土撒在接口上，分段锻焊大型船锚。

古代焊接技术长期停留在铸焊、锻焊和钎焊的水平上，使用的热源都是炉火，但炉火温度低、能量不集中，使该技术无法用于大截面和长焊缝工件的焊接，所以只能用于制作装饰品、简单的工具和武器。后来，因为明、清政府执行闭关锁国政策，所以中国近代焊接技术远远落后于西方国家。中华人民共和国成立以后，我国加速工业化建设的步伐，并着重培养技术型人才，从而摆脱工业落后的局面。哈尔滨工业大学被国家列为重点大学，当时，哈尔滨工业大学的领导有明确的目标：创办焊接专业，开创焊接事业。哈尔滨工业大学是我国焊接专业的发源地，是焊接学者的摇篮，也是我国焊接事业的起点。

现代焊接技术自诞生以来一直受到诸学科最新发展的直接影响与引导。众所周知，材料和信息科学等新技术的发展，不仅促使数十种焊接新工艺应运而生，也使焊接技术经历从传统的手工焊接向自动化、智能化的新型焊接的转变。

焊接机器人是焊接自动化的革命性进步，它突破了焊接刚性自动化的传统方式，开拓了一种柔性自动化的焊接新方式，并根据智能制造战略指出的方向，在传统制造业引入新型智能装备。在制造业企业，焊接是一项必不可少的工作，为了提升焊接工作效率，同时缓解缺少焊工的现状，焊接工作站引入工业机器人。企业工程师根据焊接工艺搭建焊接工作站，如图4-1所示，该工作站由工业机器人、焊机、焊接工作台、焊丝和清洗机组成。工业机器人是一个6轴工业

图4-1　焊接工作站

机器人，其运动空间包括焊接工作台和清洗机；焊接工作台是工业机器人的外部轴，该工作台可以正转或者反转；工人将待焊接工件放置到工作台上，工业机器人调整工作台的位置和自己的姿态，以定位焊接点位。

工作任务

在上述焊接工作站中，工业机器人应该按照焊接工艺焊接圆柱形铁块。工业机器人按照如下工艺流程完成焊接工作。

（1）工业机器人从机械原点出发。

（2）工业机器人出焊丝，约为 20 mm。

（3）工业机器人沿焊接缝隙焊接铁块。

（4）在焊接完成后，工业机器人抽丝。

（5）工业机器人回到机械原点。

操作员按照上述要求编写工业机器人程序。这既是学习的责任，也是提升智能制造产业的社会责任。

工作过程一 检查 I/O 信号端口

工作目标

在编写工业机器人程序前，请操作员确认工作站的设备是否正常。在检查过程中，操作员应该发扬劳动创造精神，必须深入工作站现场，并且实际操作工业机器人和工作站设备。主要检查以下内容。

- 检查工业机器人与清洗机的通信是否正常
- 检查工业机器人与焊机的通信是否正常
- 检查工业机器人与焊接工作台的通信是否正常

学习内容 NEWS

- 工业机器人示教器的操作
- 工业机器人 I/O 信号端口的操作
- 工业机器人焊接参数的设置
- 工业机器人与焊机的通信调试

一、资讯

1. 与清洗机的通信

在示教器的输入输出窗口，操作员手动改变信号端口 OT1、OT2 和 OT3 的状态，并观察清洗机。如果清洗机有反应，则说明通信正常。

2. 与焊机的通信

操作员手持示教器，先按下操作面板上的"转换"按键，并且不释放，然后，再按下"应用"按键，示教器的左下角提示"正在打开"。如果示教器打开成功，则工业机器人与焊机的通信正常，否则通信不正常。

3. 与焊接工作台的通信

操作员切换示教器的坐标系到外部轴坐标系。此时，J1 轴代表外部轴。操

作员使 $J1$ 轴正转或者反转，如果焊接工作台相应地正转或者反转，则工业机器人与焊接工作台的通信正常，否则通信不正常。

二、习题

1. 如果焊机与工业机器人通信，那么操作员需要按下_____和_____按键。

2. 工业机器人控制焊机工作台转动时，焊机工作台被视为工业机器人的（ ）。

    A. 第 1 轴   B. 第 2 轴   C. 第 3 轴   D. 外部轴

3. 工业机器人与清洗机通信时，工业机器人用了（ ）个端口。

    A. 1   B. 2   C. 3   D. 4

工作过程二 编程与调试

工作目标

检查工作站后，操作员继续发扬坚持不懈的工匠精神，在设备正常的情况下，编写工业机器人焊接程序，并且保证以下几点。

- 工业机器人焊接程序完整
- 工业机器人焊接程序可正常执行

学习内容

- 工业机器人程序的操作
- 工业机器人指令的操作
- 工业机器人程序调试的方法
- 工业机器人程序运行的方法

一、资讯

1. 焊接参数

单击示教器的"应用"按钮，示教器弹出各种焊接参数设置选项。焊接参数设置如表4-1所示。

表 4-1 焊接参数设置

参数名称	设置内容	参数名称	设置内容
焊接参数界面		摆焊条件界面	
焊机类型	数字焊机	摆焊条件号	0
焊机型号	实际配置的焊机型号	形式	单摆
检测引弧成功信号	开	摆动形式	关节
检测粘丝信号	开	平滑	有
焊接开始检测时间	0 ms	周期长度	5 mm

续表

参数名称	设置内容	参数名称	设置内容
焊接结束检测时间	0 ms	熄弧条件界面	
粘丝检测延迟时间	0 ms	条件文件号	0
引弧条件界面		焊接电流	180 A
条件文件号	0	焊接电压	18 V
焊接电流	180 A	定时器	5 s
焊接电压	18 V		
定时器	5 s		
速度	500 mm/s		

2. 焊机控制

在焊机控制窗口，操作员单击"点动送丝"按钮，如果焊机的头部出焊丝，则出丝正常；操作员单击"抽丝"按钮，如果焊机头部的焊丝缩回，则抽丝正常。

3. 焊接轨迹

焊接工作台有两个待焊接的零件，分别是圆柱和底座。圆柱和底座的交接处是一个圆弧，该圆弧就是焊接轨迹，如图 4-2 所示。

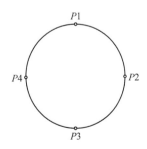

图 4-2　焊接轨迹

4. 编写程序

在示教模式下，操作员编写焊接程序。在该程序中，P5 是焊接轨迹上方的安全点，P0 是工业机器人的机械原点，如表4-2所示。

表 4-2   焊接程序

序号	程序代码	序号	程序代码
1	MAIN;	10	MOVJ P3，V50，Z0;
2	MOVJ P0，V50，Z0;	11	ARCON AC200，AV20，T1，V50;
3	MOVJ P5，V50，Z0;	12	MOVC P3，V50，Z0;
4	MOVJ P1，V50，Z0;	13	MOVC P4，V50，Z0;
5	ARCON AC200，AV20，T1，V50;	14	MOVC P1，V50，Z0;
6	MOVC P1，V50，Z0;	15	ARCOFF AC150，AV18，T1;
7	MOVC P2，V50，Z0;	16	MOVJ P5，V50，Z0;
8	MOVC P3，V50，Z0;	17	MOVJ P0，V50，Z0;
9	ARCOFF AC150，AV18，T1;	18	END;

5. 调试运行

焊丝是易耗品。在焊接过程中，焊枪产生火花。为了节约成本，在调试焊接程序前，操作员必须关闭工业机器人与焊机的通信。在非真实焊接的情况下，操作员先示教焊接轨迹。若焊接轨迹正确，则打开工业机器人与焊机的通信。

在打开通信的状态下，工业机器人焊接测试铁块。操作员观察测试铁块的焊接结果，并调整焊接参数。如果焊接结果和焊接轨迹都达到理想状态，则调试结束。

6. 整体运行

在调试完毕后，将真实的底座和圆柱放置将在焊接工作台上，并将示教器切换到"再现"模式。操作员在关闭工业机器人与焊机通信的情况下运行焊接程序。如果工业机器人的运动轨迹与实际的焊接缝隙不吻合，则调整底座和圆柱的位置；如果工业机器人的运动轨迹与实际的焊接缝隙吻合，则打开工业机器人与焊机通信，然后运行焊接程序。

二、习题

1. 下面关于焊接指令 ARCON 描述正确的是（　　　）。

A. 向焊机输出引弧条件和引弧指令

B. 向焊机输出熄弧条件和熄弧指令

C. 改变焊接的电流、电压或者速度

D. 设定焊接电流

E. 设定焊接电压

2. 下面关于焊接指令 ARCOF 描述正确的是（　　　）。

A. 向焊机输出引弧条件和引弧指令

B. 向焊机输出熄弧条件和熄弧指令

C. 改变焊接的电流、电压或者速度

D. 设定焊接电流

E. 设定焊接电压

3. 下面关于焊接指令 ARCSET 描述正确的是（　　　）。

A. 向焊机输出引弧条件和引弧指令

B. 向焊机输出熄弧条件和熄弧指令

C. 改变焊接的电流、电压或者速度

D. 设定焊接电流

E. 设定焊接电压

4. 下面关于焊接指令 AWELD 描述正确的是（　　　）。

A. 向焊机输出引弧条件和引弧指令

B. 向焊机输出熄弧条件和熄弧指令

C. 改变焊接的电流、电压或者速度

D. 设定焊接电流

E. 设定焊接电压

5. 下面关于焊接指令 VWELD 描述正确的是（　　　）。

A. 向焊机输出引弧条件和引弧指令

B. 向焊机输出熄弧条件和熄弧指令

C. 改变焊接的电流、电压或者速度

D. 设定焊接电流

E. 设定焊接电压

学习评价

	评价内容	分值	教师评价
知识	• 了解工业机器人的用户权限 • 了解末端执行器 • 了解急停的概念 • 熟悉工业机器人编程指令 • 了解工业机器人系统参数的作用 • 熟悉工业机器人系统参数的概念 • 了解变位机	30	
能力	• 能修改示教器的用户权限 • 能操作末端执行器对工件进行作业 • 能设置工业机器人系统参数 • 能解除急停状态 • 能编写工业机器人程序 • 能使工业机器人急停 • 能利用示教器控制变位机运动	30	
素质	• 具备提高利润的经济意识	40	
他人评价		自我反思	

项目 5　机床上下料项目

情景 机床上下料编程

学习目标

学生根据工艺要求编写工业机器人程序，具体目标包括以下内容。

知识目标	能力目标	素质目标
<ul><li>熟悉工业机器人故障信息的含义</li><li>了解末端执行器</li><li>了解启动、暂停工业机器人运行的概念</li><li>熟悉工业机器人编程指令</li><li>熟悉工业机器人编程方法</li><li>了解输入/输出信号</li></ul>	<ul><li>能操作末端执行器对工件进行作业</li><li>能使用示教器清除故障信息</li><li>能在自动运行模式下启动工业机器人的运行</li><li>能在自动运行模式下暂停工业机器人的运行</li><li>能编写工业机器人程序</li><li>能根据工业机器人输入/输出信号的通断调整工业机器人的运行状态</li><li>能修改工业机器人的输入信号</li><li>能运用工业机器人编程方法编写工业机器人程序</li><li>能发现不安全因素，并避免故障的发生</li></ul>	<ul><li>具备耐心细致的精神</li><li>具备吃苦耐劳的精神</li></ul>

学习笔记

职业情境与教学情境

　　在机械加工行业，车工使用数控车床加工机械零件。首先，车工按照加工工艺编制数控车床加工程序；然后，将零件毛坯安装到数控车床的卡盘处，并运行该加工程序；最后，再将加工完的零件取出。当下，因车工人员减少了，大量个性化定制的机械零件无人加工。如图 5-1 所示，机床上下料工作站由一台数控车床、料仓、工业机器人和出料口组成。操作员负责编写工业机器人程序，车工负责编写数控车床加工程序。工业机器人程序和数控车床加工程序可以在多台工作站运行，工业机器人以这种方式解决了人员不足的问题。

图 5-1　机床上下料工作站

工作任务

　　在工作站内，操作员应注意人身安全，并且随时警惕现场的不安全因素。该任务已配套数控车床加工程序和工作站验机程序，请操作员编写工业机器人程序，并完成以下任务。

　　（1）工业机器人按照上料工艺完成上料工作。

　　（2）工业机器人按照下料工艺完成下料工作。

工作过程一　检查 I/O 信号端口

工作目标

● 了解每个 I/O 信号端口是否正常通信

学习内容

● 工业机器人示教器的操作
● 工业机器人 I/O 信号端口的操作

一、资讯

1. I/O 信号端口说明

在机床上下料工作站中，工业机器人和数控车床相互协调工作，两者利用 I/O 信号端口通信。在编制程序前，操作员应耐心、细致地检查 I/O 信号端口通信的硬件线路是否正常。数控车床与工业机器人 I/O 信号端口的通信列表如表 5-1 所示。

表 5-1　数控车床与工业机器人 I/O 信号端口的通信列表

动作名称	I/O	状态	动作名称	I/O	状态
夹爪 1 夹紧控制	OT1	ON	夹爪 1 夹紧到位	IN0	ON
夹爪 1 释放控制	OT2	ON	夹爪 1 释放到位	IN1	ON
夹爪 2 夹紧控制	OT3	ON	夹爪 2 夹紧到位	IN2	ON
夹爪 2 释放控制	OT4	ON	夹爪 2 释放到位	IN3	ON
			安全门开关信号	IN4	
			"急停"按键信号	IN5	
			"启动"按键信号	IN6	
			数控车床允许送料	IN8	ON

续表

动作名称	I/O	状态	动作名称	I/O	状态
数控车床送料完成	OT9	ON	数控车床卡盘需夹紧到位	IN11	ON
数控车床卡盘夹紧控制	OT11	ON	数控车床卡盘需松开到位	IN12	ON
数控车床卡盘控制	OT12	ON	下料气缸推出到位	IN16	ON
下料气缸推出控制	OT16	ON	下料气缸缩回到位	IN17	ON
下料气缸缩回控制	OT17	ON	料仓急停	IN18	—
料仓取料结束	OT18	ON	料仓允许取料	IN19	ON
			料仓缺料提醒	IN20	—

2. 输出信号检查

在配套数控车床加工程序的情况下，人工改变各个输出信号端口的输出状态，再观察数控车床的动作情况，人工判断输出信号的 I/O 信号端口是否正常。

3. 输入信号检查

在配套数控车床加工程序的情况下，根据输入信号端口的用途人工改变数控车床的状态，然后观察示教器的输入端口状态值。

4. 端口初始化程序

系统上电后，I/O 信号端口的初始状态不确定。为了防止异常情况的出现，必须对 I/O 信号端口进行初始化设置，其初始化程序如表 5-2 所示。

表 5-2 I/O 信号端口初始化程序

行号	程序代码	行号	程序代码	行号	程序代码
1	SET R0, 1;	5	DOUT OT4, ON;	9	DOUT OT16, OFF;
2	DOUT OT1, OFF;	6	DOUT OT9, OFF;	10	DOUT OT17, ON;
3	DOUT OT2, ON;	7	DOUT OT11, OFF;	11	DOUT OT18, OFF;
4	DOUT OT3, OFF;	8	DOUT OT12, OFF;	12	END;

二、习题

1. 如果信号端口 OT1 的信号是 ON，信号端口 OT2 的信号是 OFF，则夹爪 1 夹紧。 （ ）

2. 如果信号端口 OT3 的信号是 ON，信号端口 OT4 的信号是 OFF，则夹爪 2 夹紧。 （ ）

3. 如果信号端口 OT11 的信号是 ON，信号端口 OT12 的信号是 OFF，则数控车床卡盘夹紧。 （ ）

4. 如果信号端口 OT16 的信号是 ON，信号端口 OT17 的信号是 OFF，则气缸缩回。 （ ）

5. 如果信号端口 IN8 的信号是 ON，则工业机器人可以送料。 （ ）

6. 如果信号端口 IN19 的信号是 ON，则料仓允许取料。 （ ）

工作过程二　上料程序的编写与调试

工作目标

- 工业机器人程序可正常执行
- 工业机器人从料仓抓取零件毛坯
- 工业机器人把零件毛坯装入数控车床卡盘

学习内容

- 工业机器人示教器的操作
- 工业机器人程序的操作
- 工业机器人指令的操作
- 工业机器人输出信号端口的操作

一、资讯

1. 上料工艺流程

上料是指将零件毛坯装入数控车床卡盘的过程。零件毛坯默认放置在料仓中，工业机器人从料仓中提取物料，然后将物料送到数控车床的卡盘中心。在卡盘卡住零件毛坯后，工业机器人退出数控车床，然后数控车床关门。

2. 编写程序

按照上料工艺流程编写工业机器人程序，如表 5-3 所示。编写程序是一件很辛苦的工作，请操作员发扬吃苦耐劳的精神。在该程序中，$P0$ 是机械原点，LAB1 是取料部分程序，LAB2 是上料部分程序，$P3$ 是料仓门口的点，$P1$ 是物料抓取点上方的点，$P2$ 是物料抓取点，$P4$ 是数控车床门口的点，$P6$ 是卡盘卡物料的点。

表 5-3　上料程序

行号	程序代码	行号	程序代码	行号	程序代码
1	MAIN:	13	DOUT OT1, ON;	25	MOVJ P5, V80, Z1;
2	MOVJ P0, V80, Z1;	14	WAIT IN0, ON, T0;	26	MOVL P6, V80, Z1;
3	LAB1:	15	DELAY T0.3;	27	DOUT OT11, ON;
4	MOVJ P3, V80, Z1;	16	MOVL P1, V400, Z1;	28	DOUT OT12, OFF;
5	WAIT IN19, ON, T0;	17	MOVJ P3, V80, Z1;	29	WAIT IN11, ON, T0;
6	DOUT OT1, OFF;	18	LAB2:	30	DOUT OT1, OFF;
7	DOUT OT2, ON;	19	MOVJ P4, V80, Z1;	31	DOUT OT2, ON;
8	WAIT IN1, ON, T0;	20	WAIT IN8, ON, T0;	32	WAIT IN1, ON, T0;
9	MOVJ P1, V80, Z1;	21	DOUT OT11, OFF;	33	MOVL P5, V80, Z1;
10	MOVL P2, V400, Z1;	22	DOUT OT12, ON;	34	MOVJ P4, V80, Z1;
11	DELAY T0.1;	23	WAIT IN12, ON, T0;	35	END;
12	DOUT OT2, OFF;	24	WAIT IN4, ON, T0;		

3. 示教

上料程序中，在机械原点 P0 点，工业机器人各个关节都处于机械原点，即 P0 点位置。料仓门口的 P3 点必须靠近 P1 点，P1 点应位于物料抓取点 P2 点的正上方。P4 点在数控车床外部，工业机器人在该点时应不妨碍车床门的开闭。P6 点是卡盘中心，操作员在卡盘中心手动放置物料，在卡盘夹紧后，工业机器人再夹住物料，此时操作员示教 P6 点。P5 点和 P6 点应保持同轴。

4. 调试运行

在数控车床不配合动作的情况下，工业机器人单步运行上料程序，操作员观察运动轨迹是否正确，如果运动轨迹正确，则启动数控车床加工程序。在数控车床配合动作的情况下，工业机器人再次单步运行上料程序，操作员观察运动轨迹、数控车床动作和工业机器人的动作是否匹配，如果不匹配，则可判断上料程序出现问题，并修改程序。

5. 整体运行

在调试完毕后，操作员将运行模式调到"在现"模式。在速度调整为最大速度的10%的情况下，操作员启动程序并观察工业机器人运行情况。如果工业机器人发生意外，则急停工业机器人的运行。在工业机器人运行无误的情况下，操作员再调节各段轨迹的运行速度，以提高工业机器人的工作效率。

二、习题

1. 程序代码 WAIT IN19，ON，T0；的含义是（　　　）。

A. 等待料仓允许取料信号为 ON，等待 10 s

B. 等待料仓允许取料信号为 ON，等待 0 s

C. 等待料仓允许取料信号为 ON，永久等待

D. 以上描述都不正确

2. 程序代码 WAIT IN1，ON，T0；的含义是（　　　）。

A. 等待夹爪 2 释放到位

B. 等待夹爪 1 释放到位

C. 等待夹爪 1 夹紧到位

D. 等待夹爪 2 夹紧到位

工作过程三　下料程序的编写与调试

工作目标

- 工业机器人程序可正常执行
- 工业机器人从数控车床卡盘中取出机械零件
- 工业机器人把机械零件放在出料口

学习内容

- 工业机器人示教器的操作
- 工业机器人程序的操作
- 工业机器人指令的操作
- 工业机器人输出信号端口的操作

一、资讯

1. 下料工艺流程

下料是指取出加工完成的机械零件，并放在出料口的过程。数控车床加工完毕后，车床开门，工业机器人进入数控车床，并夹取机械零件。在卡盘释放以后，工业机器人抓取机械零件，然后工业机器人离开数控车床。在数控车床外，工业机器人把机械零件放在出料口。

2. 编写程序

按照上述工艺流程编写工业机器人程序，如表 5-4 所示。编写程序是一件很辛苦的工作，请操作员发扬吃苦耐劳的精神。在该程序中，$P0$ 是机械原点，$P4$ 是车床门口的点，$P6$ 是卡盘卡物料的点，LAB3 是下料部分程序，LAB4 是放料部分程序，$P7$ 是放置区门口的点，$P8$ 是放置物料的点，$P9$ 是放置点正上方的安全点。

表 5-4 下料程序

行号	程序代码	行号	程序代码	行号	程序代码
1	MAIN:	8	DOUT OT3, ON;	15	MOVL P8, V100, Z0;
2	MOVJ P0, V100, Z0;	9	DOUT OT4, OFF;	16	DOUT OT4, ON;
3	LAB3:	10	MOVL P5, V80, Z1;	17	DOUT OT3, OFF;
4	MOVJ P4, V100, Z0;	11	MOVJ P4, V100, Z0;	18	MOVL P9, V100, Z0;
5	WAIT IN4, ON, T0;	12	LAB4:	19	MOVJ P7, V100, Z0;
6	MOVJ P5, V80, Z1;	13	MOVJ P7, V100, Z0;	20	MOVJ P0, V100, Z0;
7	MOVL P6, V80, Z1;	14	MOVJ P9, V100, Z0;	21	END;

3. 示教

下料程序中，在机械原点 $P0$ 点，工业机器人各个关节都处于机械原点。$P4$ 点在数控车床外部，工业机器人在该点时不能妨碍车床门的开闭。在示教 $P6$ 点时，操作员把物料固定在卡位点，然后再示教工业机器人。在示教 $P8$ 点时，操作员应保证气缸是缩回状态。

4. 调试运行

在数控车床不配合动作的情况下，工业机器人单步运行下料程序，操作员观察运动轨迹是否正确，如果运动轨迹正确，则启动数控车床加工程序。在数控车床程序配合动作的情况下，工业机器人再次单步运行下料程序。操作员观察运动轨迹、数控车床动作和工业机器人的动作是否匹配，如果不匹配，则可判断下料程序出现问题，并修改程序。

5. 整体运行

在调试完毕后，操作员将运行模式调到"在现"模式。在速度被调整到最大速度的10%的情况下，操作员启动程序，并观察工业机器人运行情况。如果工业机器人发生意外，则急停工业机器人运行。在工业机器人运行无误的情况下，操作员再调节各段轨迹的运行速度，以提高工业机器人的工作效率。

二、习题

1. 程序代码 WAIT IN4, ON, T0; 的含义是（　　　）。

A. 等待安全门开关信号为 ON，等待 10 s

B. 等待安全门开关信号为 ON，等待 0 s

C. 等待安全门开关信号为 ON，永久等待

D. 以上描述都不正确

2. 取料时，工业机器人使用哪个夹爪？（　　　）

A. 夹爪 1　　　　　　　　　B. 夹爪 2

学习评价

	评价内容	分值	教师评价
知识	• 熟悉工业机器人故障信息的含义 • 了解末端执行器 • 了解启动、暂停工业机器人运行的概念 • 熟悉工业机器人编程指令 • 熟悉工业机器人编程方法 • 了解输入/输出信号	30	
能力	• 能操作末端执行器对工件进行作业 • 能使用示教器清除故障信息 • 能在自动运行模式下启动工业机器人的运行 • 能在自动运行模式下暂停工业机器人的运行 • 能编写工业机器人程序 • 能根据工业机器人输入/输出信号的通断调整工业机器人的运行状态 • 能修改工业机器人的输入信号 • 能运用工业机器人编程方法编写工业机器人程序 • 能发现不安全因素，并避免故障的发生	30	
素质	• 具备耐心细致的精神 • 具备吃苦耐劳的精神	40	

他人评价	自我反思

项目6 电机装配项目

情景 1 搬运电机配件

学生根据任务需要设置工业机器人的坐标系，然后编写工业机器人程序。具体目标包括如下内容。

知识目标	能力目标	素质目标
• 了解末端执行器 • 了解示教器功能快捷键的作用 • 熟悉工具坐标系 • 熟悉6点法 • 熟悉4点法 • 了解负载参数的含义 • 熟悉工业机器人编程指令 • 熟悉工业机器人示教器 • 熟悉工业机器人安全操作规范 • 理解重复定位精度的含义	• 能操作末端执行器对工件进行作业 • 能设置示教器功能快捷键 • 能切换工业机器人的坐标系 • 能编写工业机器人程序 • 能操作工业机器人示教器 • 能创建工业机器人程序 • 能添加工业机器人指令 • 能调试工业机器人程序 • 能使用4点法创建工具坐标系 • 能使用6点法创建工具坐标系	• 能按照安全操作规范操作工业机器人

职业情境与教学情境

本项目来源于 2018—2019 年全国职业院校技能大赛工业机器人技术应用技能大赛。项目设备包括托盘流水线、工业机器人、装配流水线、AGV 小车和立体仓库。在电机装配过程中，各工件被传送到托盘流水线的末端，工业机器人将工件搬运到装配流水线。

工作任务

在搬运前，设定夹爪 1 双吸盘的工具坐标系；设定夹爪 2 三爪卡盘的工具坐标系，参考值为（0，−144.8，165.7，90，140，−90）。利用工业机器人夹爪上的激光笔，通过工业机器人示教操作，使工业机器人分别沿 X 轴、Y 轴运动，调整托盘流水线和装配流水线的空间位置，使两者与工业机器人相对位置正确。

通过工业机器人示教器示教、编程和再现，依次将 4 种工件从托盘流水线工位 G1 的托盘中心位置，搬运到装配流水线 G8 的指定位置中。工件放到指定位置后，控制气缸夹紧工件，进行二次定位。工件摆放说明如表 6-1 所示。

表 6-1　工件摆放说明

工件代号	A	B	C	D
工件的摆放位置	G8-1	G8-4	G8-3	G8-2

工作过程一　设置工具坐标系

工作目标

- 在正确设置双吸盘的工具坐标系后，双吸盘能分别沿 X 轴、Y 轴方向运动
- 在正确设置三爪卡盘的工具坐标系后，三爪卡盘能分别沿 X 轴、Y 轴方向运动
- 调整托盘流水线和装配流水线的空间位置，使两条流水线分别与 X 轴、Y 轴平齐

学习内容

- 工业机器人坐标系设置
- 4 点法
- 6 点法
- 工业机器人示教器操作

一、资讯

1. 尖点工具

在装配流水线中，操作员放置一个尖点工具 1，该工具是设置工具坐标系的辅助工具，工具尖点朝上，并且位置稳定。在双吸盘的中心位置，操作员安装一个尖点工具 2，该尖点工具的尖点代表了双吸盘的工具坐标系原点。

2. 标定方法

操作员规范握住示教器，然后单手操作触摸笔，将工业机器人的坐标系切换为轴坐标系。在示教器中，操作员打开菜单，然后依次选择"投入运行""测量"和"用户工具标定"命令。在用户工具标定窗口，操作员选择代表双吸盘的工具号；在用户工具名中，操作员输入"双吸盘"；在标定方法列表中，操作员选择"4 点法"。

3. 设置双吸盘工具坐标系

在标定方法设置完毕后，操作员单击"开始标定"按钮，尖点工具2的尖点靠近尖点工具1的尖点。同时，工业机器人分别采用4种差异很大的姿态，在每一种姿态时，工业机器人把姿态的当前坐标数据记为一个参考点。在设置4个参考点后，操作员单击"标定"按钮。此时，示教器弹出标定结果，该结果代表工具坐标系设置成功。最后，操作员保存该结果。

4. 查看双吸盘工具坐标系

操作员打开菜单，然后依次单击"显示"和"变量列表"按钮。在变量列表中，操作员根据工具号找到双吸盘的工具号，该号代表了双吸盘工具坐标系的原点。

5. 验证双吸盘工具坐标系

操作员单击"触摸工具和基坐标系"状态图标。在"激活的基坐标/工具"窗口，操作员选择双吸盘的工具号。然后，在选择坐标系时，操作员选择工具坐标系。

操作员分别按 A、B 和 C 键。如果双吸盘围绕尖点运动，则说明工具坐标系设置成功。

6. 设置三爪卡盘工具坐标系

操作员打开菜单，然后依次单击"显示"和"变量列表"按钮。在变量列表中，操作员选择代表三爪卡盘的工具号。操作员单击"修改"按钮，在弹出的对话框中，操作员手动输入三爪卡盘工具坐标系的参考值。

7. 更换尖点工具

在双吸盘工具坐标系设置完成后，操作员取下双吸盘的尖点工具，并将该尖点工具安装在三爪卡盘的中心。

8. 验证三爪卡盘工具坐标系

操作员单击"触摸工具和基坐标系"状态图标。在"激活的基坐标/工具"窗口，操作员选择三爪卡盘的工具号。然后，在选择坐标系时，操作员选择工具坐标系。

操作员分别按 A、B 和 C 键。如果三爪卡盘围绕尖点运动，则说明工具坐标系设置成功。

二、习题

1. 尖点工具的作用是（　　　）。

A. 辅助坐标系设置　　　　B. 增加质量　　　　C. 增加美观　　　　D. 没用

2. 在设置工具坐标系时，工业机器人提供了哪些方法？（　　　）

A. 1 点法　　　　B. 6 点法　　　　C. 3 点法　　　　D. 4 点法

3. 在调整工业机器人姿态时，如果工具能够围绕一个点转动，那么工具坐标系设置成功。（　　　）

A. 正确　　　　　　B. 错误

工作过程二　编程与调试

工作目标

- 依次将 4 个工件放置在托盘流水线的托盘中心，工业机器人能正确抓取工件，并且放置在装配流水线的指定工位
- 工件放置在指定工位后，气缸夹紧工位

学习内容

- 工业机器人编程指令
- 工业机器人示教器的操作
- 工业机器人程序的操作

一、资讯

1. 运动轨迹

如图 6-1 所示，在托盘流水线的末端，在托盘中心人工放置工件。每个工

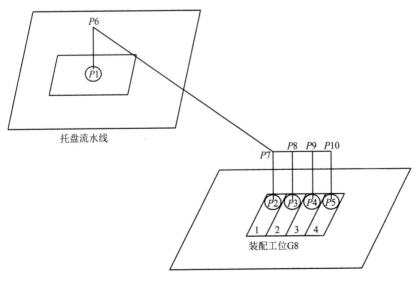

图 6-1　抓取工件轨迹

件都有唯一的编号，供工业机器人识别。在装配工位 G8 中，工件的编号匹配工件的位置。$P1$ 是工件的抓取点，该点位于托盘中心；$P2$ 是 1 号工件的放置点；$P3$ 是 2 号工件的放置点；$P4$ 是 3 号工件的放置点；$P5$ 是 4 号工件的放置点；每个抓取点及放置点的正上方都有一个安全过渡点，分别是 $P6$、$P7$、$P8$、$P9$、$P10$ 点。

工业机器人在 $P1$ 点抓取一个工件，然后直线上升到安全过渡点 $P6$。在抓取工件的状态下，工业机器人运动到 $P7$ 点。如果工件是 1 号工件，则工业机器人沿直线运动到 $P2$ 点，然后放置工件，再回到 $P7$ 点。如果工件是 2 号工件，则工业机器人运动到 $P8$ 点，再沿直线运动到 $P3$ 点，然后放置工件；在放置工件后，工业机器人沿直线返回 $P8$ 点，再运动到 $P7$ 点。如果工件是 3 号工件，则工业机器人运动到 $P9$ 点，再沿直线运动到 $P4$ 点，然后放置工件；在放置工件后，工业机器人沿直线返回 $P9$ 点，再运动到 $P7$ 点。如果工件是 4 号工件，则工业机器人运动到 $P10$ 点，再沿直线运动到 $P5$ 点，然后放置工件；在放置工件后，工业机器人沿直线返回 $P10$ 点，再运动到 $P7$ 点。

当下一个工件放置在 $P1$ 点时，工业机器人从 $P7$ 点运动到 $P6$ 点，再沿直线运动到 $P1$ 点，然后工业机器人抓取新工件。

2. 编写程序

由于每个工件的形状和高度存在差异，因此，虽然工业机器人的运动轨迹相同，但是每个工件的实际抓取点在数值方面有差异。为了能够区分实际抓取点，在编程时，将示教点的名称做出如下规定。

工具号——1 代表双吸盘，2 代表三爪卡盘；
工件号——1 代表底座，2 代表电机，3 代表减速器，4 代表输出法兰；
轨迹点号——运动轨迹的特殊点，参考轨迹规划的图。
工业机器人在抓取不同工件时使用不同的工具。三爪卡盘可以张开或者夹紧，其 I/O 控制信号端口是 18；双吸盘可以吸工件或者不吸工件，其 I/O 控制信号端口是 19。在装配工位 G8，每个位置都有一个定位块，其编号分别是 1～

4, 其 I/O 控制信号端口是 20~23。

因为抓取底座的工具是三爪卡盘, 而抓取其余工件的工具是双吸盘, 所以抓取并搬运底座的过程形成一个 SUB, 即如表 6-2 所示的子程序 BYDZ; 抓取并搬运其余工件的过程形成一个 SUB, 即如表 6-3 所示的子程序 BYPJ。

表 6-2 子程序 BYDZ

行号	程序代码	注释
1	PUBLIC SUB BYDZ	—
2	MOVE ROBOT P712 VCRUISE = 100	工业机器人运动到初始点
3	MOVE ROBOT P612 VCRUISE = 100	—
4	D_OUT [18] = OFF	三爪卡盘张开
5	MOVES ROBOT P112 VCRUISE = 50	底座抓取点
6	D_OUT [18] = ON	三爪卡盘夹紧
7	MOVES ROBOT P612 VTRAN = 50	—
8	MOVE ROBOT P712 VCRUISE = 100	回到起始点
9	MOVES ROBOT P212 VTRAN = 50	底座放置点
10	D_OUT [20] = ON	气缸夹紧
11	D_OUT [18] = OFF	三爪卡盘张开
12	MOVES ROBOT P712 VTRAN = 50	—
13	END SUB	—

表 6-3 子程序 BYPJ

行号	程序代码	注释
1	PUBLIC SUB BYPJ	—
2	MOVE ROBOT P7	工业机器人运动到初始点
3	DOUT [2] = OFF	关闭双吸盘
4	IF LR [0] = 2 THEN	工件是电机
5	MOVE ROBOT P621 VCRUISE = 50	—
6	MOVES ROBOT P121 VTRAN = 50	—
7	D_OUT [19] = ON	打开双吸盘

续表

行号	程序代码	注释
8	MOVES ROBOT P621 VCRUISE=50	—
9	MOVE ROBOT P721 VCRUISE=50	—
10	MOVES ROBOT P821 VCRUISE=50	—
11	MOVES ROBOT P321 VTRAN=50	—
12	DOUT〔19〕=OFF	关闭双吸盘
13	MOVES ROBOT P821 VCRUISE=50	—
14	MOVES ROBOT P721 VCRUISE=50	—
15	END IF	
16	IFLR〔0〕=3 THEN	工件是减速器
17	MOVE ROBOT P631 VCRUISE=50	—
18	MOVES ROBOT P131 VTRAN=500	—
19	DOUT〔19〕=ON	打开双吸盘
20	MOVES ROBOT P631 VCRUISE=50	—
21	MOVE ROBOT P731 VCRUISE=50	—
22	MOVES ROBOT P931 VCRUISE=50	—
23	MOVES ROBOT P431 VTRAN=50	—
24	D_OUT〔19〕=OFF	关闭双吸盘
25	MOVES ROBOT P931 VCRUISE=50	—
26	MOVES ROBOT P731 VCRUISE=50	—
27	END IF	—
28	IFLR〔0〕=4 THEN	工件是输出法兰
29	MOVE ROBOT P641 VCRUISE=50	—
30	MOVES ROBOT P141 VTRAN=50	—
31	DOUT〔19〕=ON	打开双吸盘
32	MOVES ROBOT P641 VCRUISE=50	—
33	MOVE ROBOT P741 VCRUISE=50	—
34	MOVES ROBOT P1041 VCRUISE=50	—

学习笔记

续表

行号	程序代码	注释
35	MOVES ROBOT P541 VTRAN = 50	—
36	DOUT [19] = OFF	关闭双吸盘
37	MOVES ROBOT P1041 VCRUISE = 50	—
38	MOVES ROBOT P741 VCRUISE = 50	—
39	END IF	—
40	END SUB	—

3. 示教

程序包含的示教点很多，逐一示教每个点会花费很多时间，为了尽可能地提高效率，操作员将按照点的编号规律示教每个点。具体流程如下。

（1）在托盘中心，操作员放置底座。

（2）操作员分别示教 $P112$ 和 $P612$ 点。

（3）在托盘中心，操作员放置电机。

（4）操作员分别示教 $P121$ 和 $P621$ 点。

（5）在托盘中心，操作员放置减速器。

（6）操作员分别示教 $P131$ 和 $P631$ 点。

（7）在托盘中心，操作员放置输出法兰。

（8）操作员分别示教 $P141$ 和 $P641$ 点。

（9）在装配工位，操作员在放置点 $P2$ 放置底座。

（10）操作员分别示教 $P212$、$P7$ 和 $P712$ 点。

（11）在装配工位，操作员在放置点 $P3$ 放置电机。

（12）操作员分别示教 $P321$ 和 $P821$ 点。

（13）在装配工位，操作员在放置点 $P4$ 放置减速器。

（14）操作员分别示教 $P431$ 和 $P931$ 点。

（15）在装配工位，操作员在放置点 $P5$ 放置输出法兰。

（16）操作员分别示教 $P541$ 和 $P1041$ 点。

4. 调试运行

在调试时，操作员必须逐一调试每个工件的搬运情况。调试流程如下。

..

（1）操作员在托盘中心放置底座。

（2）操作员设置 LR［0］寄存器的值为 1，然后调用 BYDZ 子程序。

（3）操作员在托盘中心放置电机。

（4）操作员设置 LR［0］寄存器的值为 2，然后调用 BYPJ 子程序。

（5）操作员在托盘中心放置减速器。

（6）操作员设置 LR［0］寄存器的值为 3，然后调用 BYPJ 子程序。

（7）操作员在托盘中心放置输出法兰。

（8）操作员设置 LR［0］寄存器的值为 4，然后调用 BYPJ 子程序。

二、习题

1. 华数机器人控制三爪卡盘动作的 I/O 信号端口号是多少？（　　　）

A. 18 　　　　　B. 19 　　　　　C. 20 　　　　　D. 21

2. 华数机器人控制双吸盘工具动作的 I/O 信号端口号是多少？（　　　）

A. 18 　　　　　B. 19 　　　　　C. 20 　　　　　D. 21

3. 在装配工位的底座位置，控制定位块的 I/O 信号端口号是多少？（　　　）

A. 20 　　　　　B. 21 　　　　　C. 22 　　　　　D. 23

学习评价

评价内容		分值	教师评价
知识	• 了解末端执行器 • 了解示教器功能快捷键的作用 • 熟悉工具坐标系 • 熟悉 6 点法 • 熟悉 4 点法 • 了解负载参数的含义 • 熟悉工业机器人编程指令 • 熟悉工业机器人示教器 • 熟悉工业机器人安全操作规范 • 理解重复定位精度的含义	30	

续表

评价内容		分值	教师评价
能力	• 能操作末端执行器对工件进行作业 • 能设置示教器功能快捷键 • 能切换工业机器人的坐标系 • 能编写工业机器人程序 • 能操作工业机器人示教器 • 能创建工业机器人程序 • 能添加工业机器人指令 • 能调试工业机器人程序 • 能使用 4 点法创建工具坐标系 • 能使用 6 点法创建工具坐标系	30	
素质	• 能按照安全操作规范操作工业机器人	40	

他人评价	自我反思

情景 2   单电机装配

学习目标

学生能编写工业机器人程序，并利用外部信号调用程序。具体目标包括如下内容。

知识目标	能力目标	素质目标
• 了解末端执行器 • 熟悉工业机器人编程指令 • 熟悉工业机器人编程方法	• 能操作末端执行器对工件进行作业 • 能编写工业机器人程序 • 能设定外部启动/停止信号 • 能设定外部输入/输出信号 • 能设定外部急停信号 • 能运用工业机器人编程方法编写工业机器人程序	• 具备乐观积极的工作态度

职业情境与教学情境

本项目来源于 2018—2019 年全国职业院校技能大赛工业机器人技术应用技能大赛。项目设备包括托盘流水线、工业机器人、装配流水线、AGV 小车和立体仓库。在电机装配前，工件放置在装配流水线 G7 和 G9 工位。

工作任务

工业机器人自动将装配流水线 G7 和 G9 工位中的工件，按照装配次序依次抓取并放置于 G8 工位指定位置，每放置一个工件，夹紧气缸应立即动作，进行二次定位。在二次定位完成后，工业机器人抓取工件，在 G8 的 2 号工位进行 A→B→C→D 组合的装配。在装配完成后，工业机器人将装配的 A→B→C→D 组合放入成品库 G7 的 4 号工位。装配电机是一项复杂的工作，操作员应保持乐观积极的工作态度，保证完成任务。表 6-4 所示为工件在装配前的人工摆放位置。

表6-4 工件在装配前的人工摆放位置

工件代号	A	B	C	D
工件的摆放位置	G7-3	G9-1	G9-3	G9-6

成品库G7   装配工位G8   备件库G9

机器人侧

工作过程一 装配工件出库

 工作目标

- 待装配工件放置在 G8 工件的指定位置
- 底座放置在 G8 的 2 号工位
- 电机放置在 G8 的 1 号工位
- 减速器放置在 G8 的 3 号工位
- 输出法兰放置在 G8 的 4 号工位

学习内容 NEWS!

- 工业机器人编程指令
- 工业机器人数字量信号输入/输出的操作
- 工业机器人示教器的操作

一、资讯

1. 运动轨迹

4 个工件的抓取点分别是 $P1$、$P2$、$P3$ 和 $P4$ 点；4 个装配工件的放置点分别是 $P5$、$P6$、$P7$ 和 $P8$ 点。每个点上方 100 mm 处是安全位置。每个工件的抓放思路：首先工业机器人运动到抓取点的安全位置，然后沿直线下降到抓取点，在抓取工件以后，工业机器人垂直上升到抓取点的安全位置；然后，工业机器人沿任意轨迹运动到放置点的安全位置；最后，工业机器人沿直线下降到放置点，工业机器人放置工件，然后回到安全位置。装配工件出库轨迹如图 6-2 所示。

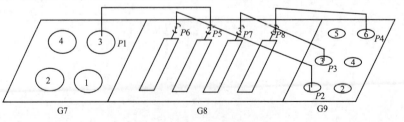

图 6-2 装配工件出库轨迹

2. 编写程序

按照上述运动轨迹，操作员编写工业机器人程序，如表6-5所示。该程序包括4个部分。第1部分是工业机器人搬运底座的程序；第2部分是工业机器人搬运电机的程序；第3部分是工业机器人搬运减速器的程序；第4部分是工业机器人搬运输出法兰的程序。

表6-5　装配工件出库程序

行号	程序代码	注释	行号	程序代码	注释
1	MOVE ROBOTP［0］VCRUISE＝100	工业机器人运动到初始点	11	DO［20］＝ON	气缸夹紧底座
2	LR［17］＝P［1］+LR［1］	—	12	DO［17］＝OFF	三爪卡盘释放底座
3	MOVE ROBOTLR［17］VCRUISE＝100	底座抓取点上方安全位置	13	LR［17］＝P［5］+LR［1］	—
4	MOVES ROBOTP［1］VTRN＝50	底座抓取点	14	MOVES ROBOTLR［17］VTRN＝100	底座放置点上方安全位置
5	DO［17］＝ON	三爪卡盘抓取底座	15	LR［17］＝P［2］+LR［1］	—
6	LR［17］＝P［1］+LR［1］	—	16	MOVE ROBOTLR［17］VCRUISE＝100	电机抓取点上方安全位置
7	MOVE ROBOTLR［17］VCRUISE＝100	底座抓取点上方安全位置	17	MOVES ROBOTP［2］VTRN＝100	电机抓取点
8	LR［17］＝P［5］+LR［1］	—	18	DO［16］＝ON	双吸盘吸电机
9	MOVE ROBOTLR［17］VCRUISE＝100	底座放置点上方安全位置	19	LR［17］＝P［2］+LR［1］	—
10	LP［5］	底座放置点	20	MOVES ROBOTLR［17］VTRN＝100	电机抓取点上方安全位置

行号	程序代码	注释	行号	程序代码	注释
21	LR [17] = P [6] + LR [1]	—	33	MOVE ROBOTLR [17] VCRUISE = 100	减速器抓取点上方安全位置
22	MOVE ROBOTLR [17] VCRUISE = 100	电机工件放置点上方安全位置	34	LR [17] = P [7] + LR [1]	—
23	MOVES ROBOTP [6] VTRN = 100	电机放置点	35	MOVE ROBOTLR [17] VCRUISE = 100	减速器放置点上方安全位置
24	DO [21] = ON	气缸夹紧电机	36	MOVES ROBOTP [7] VTRN = 50	减速器放置点
25	DO [16] = OFF	双吸盘释放电机	37	DO [22] = ON	气缸夹紧减速器
26	LR [17] = P [6] + LR [1]	—	38	DO [16] = OFF	双吸盘释放减速器
27	MOVES ROBOTLR [17] VTRN = 100	电机工件放置点上方安全位置	39	LR [17] = P [7] + LR [1]	—
28	LR [17] = P [3] + LR [1]	—	40	MOVE ROBOTLR [17] VCRUISE = 100	减速器放置点上方安全位置
29	MOVE ROBOTLR [17] VCRUISE = 100	减速器抓取点上方安全位置	41	LR [17] = P [4] + LR [1]	—
30	MOVES ROBOTP [3] VTRN = 50	减速器抓取点	42	MOVE ROBOTLR [17] VCRUISE = 100	输出法兰抓取点上方安全位置
31	DO [16] = ON	双吸盘吸减速器	43	MOVES ROBOTP [4] VTRN = 50	输出法兰抓取点
32	LR [17] = P [3] + LR [1]	—	44	DO [16] = ON	双吸盘吸输出法兰

续表

行号	程序代码	注释	行号	程序代码	注释
45	LR [17] = P [4] + LR [1]	—	50	DO [23] = ON	气缸夹紧输出法兰
46	MOVE ROBOTLR [17] VCRUISE = 100	输出法兰抓取点上方安全位置	51	DO [16] = OFF	双吸盘释放输出法兰
47	LR [17] = P [8] + LR [1]	—	52	LR [17] = P [8] + LR [1]	—
48	MOVE ROBOTLR [17] VCRUISE = 100	输出法兰放置点上方安全位置	53	MOVES ROBOTLR [17] VTRN = 100	输出法兰放置点上方安全位置
49	MOVES ROBOTP [8] VTRN = 1000	输出法兰放置点	54	MOVE ROBOTP [0] VCRUISE = 100	工业机器人运动到初始点

3. 示教

在示教前，操作员在 $P1$、$P2$、$P3$ 和 $P4$ 点分别放置底座、电机、减速器和输出法兰。各个装配工件的初始位置如图 6-3 所示，孔的位置和边的方向必须与图 6-3 保持一致。

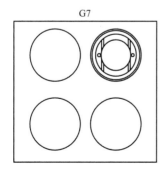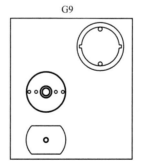

图 6-3　各个装配工件初始位置

放置工件后，操作员手动操作工业机器人。

在 $P1$ 点，工业机器人抓取底座，并在手动模式下运动到底座的放置点；在底座的放置点，操作员示教 $P5$ 点；最后，工业机器人释放底座。

在 $P2$ 点，工业机器人抓取电机，并在手动模式下运动到电机的放置点；在电机的放置点，操作员示教 $P6$ 点；最后，工业机器人释放电机。

在 $P3$ 点，工业机器人抓取减速器，并在手动模式下运动到减速器的放置点；在减速器的放置点，操作员示教 $P7$ 点；最后，工业机器人释放减速器。

在 $P4$ 点，工业机器人抓取输出法兰，并在手动模式下运动到减速器的放置点；在输出法兰的放置点，操作员示教 $P8$ 点；最后，工业机器人释放输出法兰。

$P0$ 点是工业机器人机械原点。操作员手动操作工业机器人各个关节至机械原点位置，然后示教 $P0$ 点。LR［1］是 Z 轴方向的偏移量，LR［1］的值应手动修改为（0，0，100，0，0，0）。

4. 调试运行

操作员在各抓取点和放置点均放置底座、电机、减速器和输出法兰，并单步执行运动指令。工业机器人按照程序的执行顺序，执行每行指令。操作员观察工业机器人的运动轨迹，如果运动轨迹不符合上述要求，则修改指令。

操作员分别测试每行与抓取和放置相关的指令。观察在抓取点，工业机器人是否抓取工件；在放置点，工业机器人是否放置工件。如果工业机器人的动作不符合预期，则修改指令。

5. 整体运行

操作员将工业机器人的运动速度调整到最大速度的10%，然后连续运行工业机器人程序，并观察工业机器人的整体运行情况。如果工业机器人出现异常情况，则立刻按下"急停"按键，并重新调试程序。

二、习题

1. 请描述 LR［17］=P［6］+LR［1］的含义。（ ）

A. 计算 P［6］向量和 LR［1］向量的向量和。

B. 在 P［6］点的基础上偏移 LR［1］。

C. LR［17］保存放置点的姿态值。

D. LR［17］保存抓取点的姿态值。

2. 底座的放置点是（ ）。

A. $P1$ 点   B. $P2$ 点   C. $P3$ 点   D. $P4$ 点

3. 描述 MOVE 和 MOVES 指令的含义正确的是（   ）。

A. MOVE 指令是流程控制指令

B. MOVE 指令是运动指令，并且沿曲线运动

C. MOVES 指令是运动指令，并且沿直线运动

D. 两个指令的作用完全相同

工作过程二　工件装配

工作目标

- 电机装入底座
- 减速器装入底座
- 输出法兰装入底座
- 装配成品放入成品库 G7 的 4 号工位

学习内容

- 工业机器人编程指令
- 工业机器人数字量信号输入/输出的操作
- 工业机器人示教器的操作

一、资讯

1. 装配流程

装配顺序是电机、减速器和输出法兰。电机的装配过程如图 6-4 所示。将电机中心对准底座圆心；使电机的边长与底座的缺口边长平行；将电机垂直放入底座。减速器的装配过程如图 6-5 所示。将减速器中心对准底座圆心；使减速器的圆孔对齐底座的圆孔；将减速器垂直放入底座。输出法兰的装配过程如图 6-6 所示。然后，将输出法兰的两个凸出点对准底座的两个缺口；将输出法兰垂直放入底座；最后再顺时针旋转 90°。

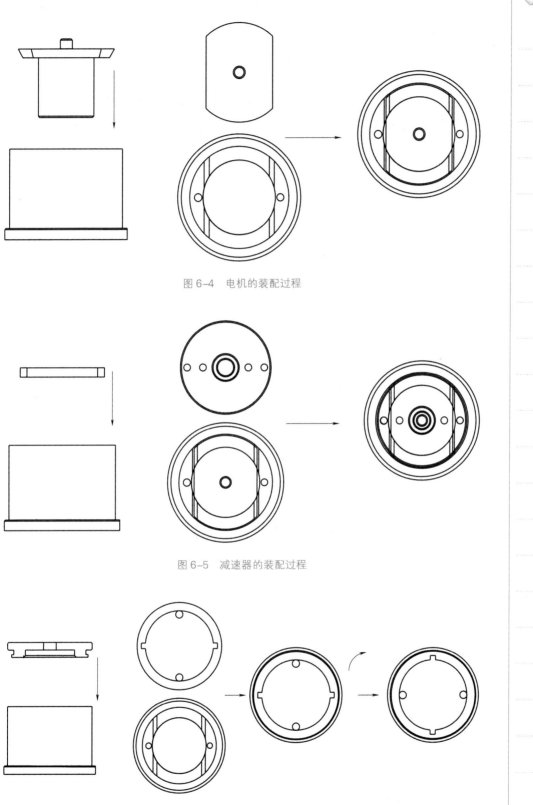

图 6-4   电机的装配过程

图 6-5   减速器的装配过程

图 6-6   输出法兰的装配过程

2. 运动轨迹

操作员根据上述装配过程规划每个工件的运动轨迹。如图 6-7 所示，电机的运动轨迹是 $P3 \rightarrow P4 \rightarrow P2 \rightarrow P1$；减速器的运动轨迹是 $P5 \rightarrow P6 \rightarrow P2 \rightarrow P1$；输出法兰的运动轨迹是 $P7 \rightarrow P8 \rightarrow P2 \rightarrow P1$。

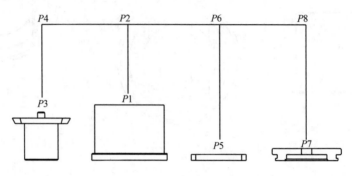

图 6-7　工件装配轨迹

3. 编写程序

根据装配顺序，操作员分别编写电机的装配程序、减速器的装配程序和输出法兰的装配程序。在装配完成后，装配成品被搬运到成品库 G7 的 4 号工位。具体的工件装配程序如表 6-6 所示。

表 6-6　工件装配程序

行号	程序代码	注释	行号	程序代码	注释
1	MOVE ROBOTP [0] VCRUISE=100	工业机器人运动到初始点	7	MOVE ROBOTP [2] VCRUISE=100	装配点上方安全位置
2	MOVE ROBOTP [4] VCRUISE=100	电机抓取点上方安全位置	8	MOVES ROBOTP [1] VTRN=1000	电机装配点
3	MOVES ROBOTP [3] VTRN=1000	电机抓取点	9	DO [16]=OFF	双吸盘释放电机
4	DO [16]=ON	双吸盘吸电机	10	MOVES ROBOTP [2] VTRN=1000	电机装配点上方安全位置
5	DO [21]=OFF	定位块释放电机	11	MOVE ROBOTP [6] VCRUISE=100	减速器抓取点上方安全位置
6	MOVES ROBOTP [4] VTRN=1000	电机抓取点上方安全位置	12	MOVES ROBOTP [5] VTRN=1000	减速器抓取点

行号	程序代码	注释	行号	程序代码	注释
13	DO [16] =ON	双吸盘吸减速器	26	MOVES ROBOTP [11] VTRN = 1000	旋转 90°
14	DO [22] =OFF	定位块释放减速器	27	MOVES ROBOTP [1] VTRN = 1000	输出法兰装配点
15	MOVES ROBOTP [6] VTRN = 1000	减速器抓取点上方安全位置	28	DO [16] = OFF	双吸盘释放输出法兰
16	MOVE ROBOTP [2] VCRUISE = 100	装配点上方安全位置	29	MOVES ROBOTP [12] VTRN = 1000	顺时针旋转 90°，利用胶皮和输出法兰表面的摩擦力带动输出法兰旋转
17	MOVES ROBOTP [1] VTRN = 1000	输出法兰装配点	30	DO [16] =ON	双吸盘吸整个装配成品
18	DO [16] = OFF	双吸盘释放减速器	31	DO [20] = OFF	气缸释放装配成品
19	MOVES ROBOTP [2] VTRN = 1000	装配点上方安全位置	32	MOVES ROBOTP [2] VTRN = 1000	装配点上方安全位置
20	MOVE ROBOTP [8] VCRUISE = 100	输出法兰抓取点上方安全位置	33	MOVES ROBOTP [9] VTRN = 1000	装配成品放置点上方安全位置
21	MOVES ROBOTP [7] VTRN = 1000	输出法兰抓取点	34	MOVES ROBOTP [10] VTRN = 1000	装配成品放置点
22	DO [16] =ON	双吸盘吸输出法兰	35	DO [16] = OFF	双吸盘释放装配成品
23	DO [23] = OFF	气缸释放，输出法兰	36	MOVES ROBOTP [9] VTRN = 1000	放置点上方安全位置
24	MOVES ROBOTP [8] VTRN = 1000	输出法兰上方安全位置	37	MOVE ROBOTP [0] VCRUISE = 100	工业机器人运动到初始点
25	MOVE ROBOTP [2] VCRUISE = 100	装配点上方安全位置			

学习笔记

4. 示教

操作员分别在指定位置放置电机、底座、减速器、输出法兰和装配成品。在定位块未释放的情况下，操作员分别示教抓取点，包括 $P3$、$P5$、$P7$、$P14$ 和 $P10$ 点。在 $P3$ 点，操作员释放定位块，工业机器人垂直提起电机，然后示教 $P4$ 点。采用同样的方法，在 $P5$ 点，操作员释放定位块，工业机器人垂直提起输出法兰，然后示教 $P6$ 点；在 $P7$ 点，操作员释放定位块，工业机器人垂直提起减速器工件，然后示教 $P8$ 点；在 $P10$ 点，工业机器人垂直提起装配成品，然后示教 $P9$ 点。双吸盘中心对准底座圆心，操作员在 Z 轴方向上分别示教 $P1$ 和 $P2$ 点。最后，操作员在 G7 工位上方找一个安全点，并示教 $P0$ 点。

5. 调试运行

操作员在指定位置分别放置底座、电机、减速器、输出法兰件和装配成品，并单步执行运动指令。工业机器人按照程序的执行顺序，执行每行指令。操作员观察工业机器人的运动轨迹，如果运动轨迹不符合上述要求，则修改指令。

操作员分别测试每行与抓取和放置相关的指令。观察在抓取点，工业机器人是否抓取工件；在放置点，工业机器人是否放置工件。如果工业机器人的动作不符合预期，则修改指令。

6. 整体运行

操作员调节工业机器人的运动速度调整到最大速度的 10%，然后连续运行工业机器人程序，并观察工业机器人的整体运行情况。如果工业机器人出现异常情况，则应该立刻按下"急停"按键，并重新调试程序。

二、习题

1. 装配顺序是（　　）。

A. 减速器→输出法兰→电机

B. 输出法兰→电机→减速器

C. 电机→减速器→输出法兰

D. 以上顺序都不对

2. 在装配各个工件时，工业机器人使用哪个工具？（　　）

A. 三爪卡盘　　　　B. 双吸盘　　　　C. 不用工具

3. 在装配输出法兰时，输出法兰旋转（　　）。

A. 45°　　　　　　B. 90°　　　　　C. 135°　　　　　　D. 180°

学习评价

评价内容		分值	教师评价
知识	• 了解末端执行器 • 熟悉工业机器人编程指令 • 熟悉工业机器人编程方法	30	
能力	• 能操作末端执行器对工件进行作业 • 能编写工业机器人程序 • 能设定外部启动/停止信号 • 能设定外部输入/输出信号 • 能设定外部急停信号 • 能运用工业机器人编程方法编写工业机器人程序	30	
素质	• 具备乐观积极的工作态度	40	
他人评价		自我反思	

项目 7 物料分拣项目

情景 物料识别与分拣

学习目标

学生利用离线编程软件验证工业机器人的运动轨迹，并生成工业机器人程序。最后，在工作站现场，学生调试程序。具体目标包括以下内容。

知识目标	能力目标	素质目标
• 了解末端执行器 • 熟悉用户坐标系 • 熟悉工业机器人编程指令 • 熟悉工业机器人示教器 • 熟悉工业机器人安全操作规范 • 了解工业机器人运动轨迹 • 了解备份工业机器人系统的作用 • 了解工业机器人系统网络通信原理	• 能使用示教器设定工业机器人系统的语言 • 能操作末端执行器对工件进行作业 • 能备份/恢复工业机器人系统 • 能备份/恢复工业机器人程序 • 能切换工业机器人的坐标系 • 能编写工业机器人程序 • 能操作工业机器人示教器 • 能根据工业机器人运动轨迹调整程序 • 能创建工业机器人程序 • 能添加工业机器人指令 • 能调试工业机器人程序 • 能规划工业机器人运动轨迹 • 能设置工业机器人系统网络通信参数	• 能按照安全操作规范操作工业机器人

每天，物流公司都会收到大量包裹，这些包裹具有不同的特征，被发往不同的地方，因此，物流公司开展分拣工作。分拣是指将物品按品种，或出入库先后顺序等进行堆放。快递分拣是一种常见的职业劳动，物流配送中心和快递分拣中心等处有很多快递分拣员，其工作内容包括分拣快递流水线上的包裹和扫描快递小件等。图 7-1（a）所示为一个典型的人工包裹分拣工作站，该工作站包括存放包裹的立体货位、输送包裹的传送带和缓冲区。包裹被传送带送入缓冲区，快递分拣员从缓冲区中拿取包裹，然后放入某个立体货位。快递分拣员每天重复该过程，包裹数量越多，快递分拣员的劳动强度越大。这种过高的劳动强度导致快递分拣员不足和岗位人员流动性大。在人力资源短缺的情况下，为了包裹分拣工作得以持续，并且效率不下降，物流公司开始利用工业机器人进行包裹分拣工作。图 7-1（b）是一个典型的工业机器人包裹分拣工作站。

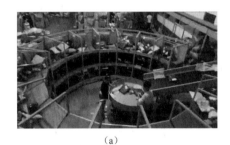

（a）   （b）

图 7-1　包裹分拣工作站

（a）人工分拣；（b）机器人分拣

工业机器人包裹分拣工作站由工业机器人、存放包裹的仓位、包裹识别装置和传送带组成。包裹被传送带输送到工业机器人的工作区域，工业机器人抓取包裹，并通过包裹识别装置放入相应的仓位。工业机器人重复该过程，并且不会感到疲劳。在物流业快速发展的今天，大量包裹等待分拣，而工业机器人可以不间断地工作，这比原有的人工分拣更有效率，因此，越来越多的物流公司开始使用工业机器人进行包裹分拣工作。

物料分拣工作站将工业机器人包裹分拣工作站作为设计背景。物料分拣工作站包括工业机器人、物料、料仓、托盘和物料识别装置等，如图 7-2 所示。物料是假设的包裹；料仓是假设的存放包裹的仓位；工业机器人的末端安装物料识别装置；托盘是假设的传送带末端；工业机器人是假设的快递分拣员。在正常情况下，工业机器人在托盘中抓取物料，然后识别物料，并根据识别结果，将物料放入指定料仓。

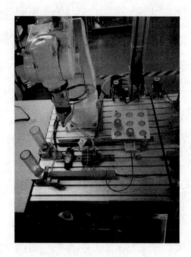

图 7-2　物料分拣工作站

　　为了物料分拣工作站可以正常运行，操作员必须编写工业机器人程序。该程序可使工业机器人正常地完成物料分拣工作。程序调试可能导致设备碰撞等不良影响，所以操作员应在仿真环境中编写和调试程序，然后把程序转移到真实的工业机器人，再开展二次运行调试，这将有利于减少程序不确定性所导致的设备碰撞。按照该思路，操作员编写 ABB 工业机器人程序，并实现以下工作流程。

　　（1）工业机器人从机械零点位置出发。

　　（2）工业机器人抓取一个物料。

　　（3）工业机器人把 1 号物料放入 1 号料仓。

　　（4）工业机器人把 2 号物料放入 2 号料仓。

工作过程一　轨迹验证

工作目标

- 规划工业机器人的运动轨迹
- 在仿真环境中编写验证运动轨迹的程序
- 获得工业机器人程序

学习内容

- 在 RobotStudio 环境中创建工程
- 在 RobotStudio 环境中创建几何体
- 在 RobotStudio 环境中导入工业机器人模型
- 在 RobotStudio 环境中编写工业机器人程序
- 使用虚拟示教器手动运行工业机器人
- 使用虚拟示教器自动运行工业机器人

一、资讯

1. 运动轨迹

物料台有两个物料，其编号分别是 2 号和 1 号。2 号物料放入 2 号料仓，1 号物料放入 1 号料仓。工业机器人在分拣物料时按照图 7-3 所示的轨迹运动。

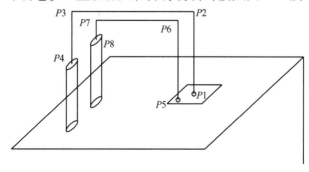

图 7-3　物料分拣轨迹

2 号物料放置在 $P1$ 点。$P1$ 点是物料的抓取点；$P4$ 点是物料的放置点；$P2$ 和 $P3$ 点是安全过渡点。工业机器人在 $P1$ 点抓取 2 号物料，然后沿直线运动轨迹到 $P2$ 点。$P3$ 点是 $P4$ 点正上方的安全过渡点。工业机器人沿任意轨迹运动到 $P3$ 点，再沿直线轨迹运动到 $P4$ 点。

1 号物料放置在 $P5$ 点。$P5$ 点是物料的抓取点；$P8$ 点是物料的放置点；$P6$ 和 $P7$ 点是安全过渡点。工业机器人在 $P5$ 点抓取 1 号物料，然后沿直线运动轨迹到 $P6$ 点。$P7$ 点是 $P8$ 点正上方的安全过渡点。工业机器人沿任意轨迹运动到 $P7$ 点，再沿直线轨迹运动到 $P8$ 点。

在每次物料分拣前，工业机器人位于工作站上方的某一个安全位置 $P0$ 点。工业机器人从 $P0$ 点前往抓取点上方的安全过渡点。然后，工业机器人沿直线运动到抓取点。在每次物料分拣结束后，工业机器人沿直线运动到放置点上方的安全过渡点，再回到安全位置 $P0$ 点。

2. 准备仿真环境

操作员打开 RobotStudio 软件，然后创建一个"空工作站解决方案"模型。在该工作站中导入 IRB 120 机器人模型。操作员在仿真环境中创建 8 个球体（球体半径为 20 mm），每个球体代表一个示教点。操作员在实际的工作站中测量各个示教点的位置数据。然后，在仿真环境中，操作员根据实际的位置数据调整示教点的位置值。

在创建模型后，操作员选择"机器人系统"→"从布局创建系统"命令，在向导的帮助下，创建工业机器人系统。

3. 编写程序与示教

操作员在虚拟示教器中新建程序，然后按照上述运动轨迹编写程序。物料分拣程序如表 7-1 所示。操作员在虚拟示教器中手动示教所有点的位置。

表 7-1　物料分拣程序

行号	程序代码	行号	程序代码
1	MoveAbsJ P0 \ NoEOffs, v1000, z50, tool0;	4	MoveL P2, v1000, z50, tool0;
2	MoveJ P2, v1000, z50, tool0;	5	MoveJ P3, v1000, z50, tool0;
3	MoveL P1, v1000, z50, tool0;	6	MoveL P4, v1000, z50, tool0;

续表

行号	程序代码	行号	程序代码
7	MoveL P3，v1000，z50，tool0；	12	MoveJ P7，v1000，z50，tool0；
8	MoveAbsJ P0\NoEOffs，v1000，z50，tool0；	13	MoveL P8，v1000，z50，tool0；
9	MoveJ P6，v1000，z50，tool0；	14	MoveL P7，v1000，z50，tool0
10	MoveL P5，v1000，z50，tool0；	15	MoveAbsJ P0\NoEOffs，v1000，z50，tool0；
11	MoveL P6，v1000，z50，tool0；		

4. 调试运行

在示教结束后，操作员将光标移至第一行程序代码，然后把示教器调到手动运行模式，再按下"使能"按键。此时，操作员先单步运行程序，并观察工业机器人运动轨迹。如果运动轨迹不符合预期，则修改工业机器人程序；如果运动轨迹符合预期，则将光标移至第一行程序代码，然后连续运行程序，并观察工业机器人运动轨迹。

5. 全自动运行

在调试无误后，操作员将光标移至第一行程序代码，然后把运行模式挡位调到"自动运行"挡，并按下白色的"使能"按键。此时，操作员按下"启动"按键，工业机器人开始全自动运行。操作员观察工业机器人的运动轨迹，如果运动轨迹不符合预期，则停止运行工业机器人程序，并对其进行修改。

二、习题

1. 描述 MoveL P1，v1000，z50，tool0；的含义正确的选项有（　　　）。

A. 工业机器人沿曲线运动到 $P1$ 点

B. 工业机器人沿任意轨迹运动到 $P1$ 点

C. 工业机器人的运动速度是最大速度的 100%

D. 运动时，参考坐标系是 tool0

2. 将示教点在仿真环境中的具体坐标值填入表 7-2 中。

表 7-2 题 2 表

示教点	位置数据			方向数据		
	X	Y	Z	X	Y	Z
P1						
P2						
P3						
P4						
P5						
P6						

3. ABB 工业机器人示教器有以下哪些运动模式？（   ）

A. 自动运行模式

B. 手动运行模式

C. 半自动运行模式

D. 无运动模式

4. ABB 工业机器人的运动指令包括（   ）。

A. MoveAbsJ   B. MoveJ   C. MoveL   D. MoveC

工作过程二　现场调试程序

工作目标

- 把已调试完毕的工业机器人程序拷贝到真实的示教器中进行调试运行

学习内容

- 在 RobotStudio 环境中连接工业机器人实体设备
- 在 RobotStudio 环境中编写工业机器人程序
- 添加通信板卡
- 添加 I/O 信号

一、资讯

1. 连接工业机器人实体设备

如图 7-4 所示，在 RobotStudio 仿真软件中，操作员选择"文件"→"在线"→"一键连接"命令。连接成功后，RobotStudio 仿真软件的左侧显示工业机器人的树状结构。

图 7-4　操作员选择"文件"→"在线"→"一键连接"命令

2. 编写程序

在该树状结构中，操作员依次选择 RAPID→T_ROB1 →MainModule→main 命令，最后单击"请求写权限"按钮，并在示教器端确认该权限。此时，操作员在代码编辑区写入完整的已调试的工业机器人程序。在编写程序完毕后，操作员在 RAPID 标签下单击"应用"按钮，并收回写权限。

3. 添加通信板卡和 I/O 信号

操作员在示教器中添加通信板卡，通信板卡参数如表 7-3 所示。在操作示教器的过程中，操作员应用左手规范地抱住示教器，右手使用触摸笔触碰示教器的屏幕。

表 7-3　通信板卡参数

参数名称	参数值
Name	d652
State When Startup	Activated
Trust Level	DefaultTrustLevel
Simulated	0
Vendor Name	ABB Robotics
Product Name	24 V DC I/O Device
Label	DSQC 652 24VDC I/O Device
Address	10
Vendor ID	75
Product Code	26
Device Type	7
Production Inhibit Time/ms	10
Connection Type	Chang-of-State
Poll Rate	1000
Connection Output Size	2
Connection Input Size	2
Quick Connect	Deactivated

操作员在示教器中添加 I/O 信号。操作员在示教器中添加一个 I/O 信号变量。该变量关联板卡 d652 的实际 I/O 信号端口。I/O 信号参数见表 7-4。

表 7-4　I/O 信号参数

参数名称	输入信号		参数名称	输出信号	
Name	di00	di01	Name	do00	do01
Type of Signal	Digital Input	Digital Input	Type of Signal	Digital Output	Digital Output
Assigned to Device	d652	d652	Assigned to Device	d652	d652
Signal Identification Label	—	—	Signal Identification Label	—	—
Device Mapping	0	1	Device Mapping	0	1
Category			Category		
Access level	Default	Default	Access level	Default	Default
Default Value	0	0	Default Value	0	0
Filter Time Passive	0	0	Invert Physical Value	No	No
Filter Time Active	0	0	Safe Level	Default Safe Level	Default Safe Level
Invert Physical Value	No	No			

4. 调试运行

在添加 I/O 信号后，操作员在工业机器人程序中添加夹爪动作程序代码。操作员在 P1 和 P5 点添加夹紧动作代码，然后在 P4 和 P8 点添加释放动作代码。夹爪动作程序代码如表 7-5 所示。然后，操作员单步调试工业机器人程序，并观察工业机器人运动轨迹。如果运动轨迹不符合预期，则修改工业机器人程序；如果运动轨迹符合预期，则将光标移至第一行程序代码，然后连续运行程序，并观察工业机器人运动轨迹。

表 7-5　夹爪动作程序代码

夹爪动作	夹紧	释放
程序代码	Set do00; Reset do01;	Set do01; Reset do00;

5. 全自动运行

在调试无误后，操作员将光标移至第一行程序代码，然后把运行模式挡位调到"自动运行"挡，并按下白色的"使能"按键。此时，操作员按下"启动"按键，工业机器人开始全自动运行。操作员观察工业机器人的运动轨迹，如果运动轨迹不符合预期，则停止运行工业机器人程序，并对其进行修改。

二、习题

1. 在抓取物料时，do00 信号的值是（　　　）。

A. 1　　　　　　　　B. 0　　　　　　　　C. True　　　　　　　　D. False

2. 描述 Set do01; 的含义正确的选项有（　　　）。

A. 设置模拟量信号输出的 I/O 信号端口 do01; 为数值 1

B. 设置模拟量信号输出的 I/O 信号端口 do01; 为数值 0

C. 设置数字量信号输出的 I/O 信号端口 do01; 为数值 1

D. 设置数字量信号输出的 I/O 信号端口 do01; 为数值 1

3. ABB 工业机器人的 I/O 信号有以下哪几类？（　　　）

A. 数字量输出信号

B. 数字量输入信号

C. 模拟量输出信号

D. 模拟量输入信号

学习评价

评价内容		分值	教师评价
知识	• 了解末端执行器 • 熟悉用户坐标系 • 熟悉工业机器人编程指令 • 熟悉工业机器人示教器 • 熟悉工业机器人安全操作规范 • 了解工业机器人运动轨迹 • 了解备份工业机器人系统的作用 • 了解工业机器人系统网络通信原理	30	
能力	• 能使用示教器设定工业机器人系统语言 • 能操作末端执行器对工件进行作业 • 能备份/恢复工业机器人系统 • 能备份/恢复工业机器人程序 • 能切换工业机器人的坐标系 • 能编写工业机器人程序 • 能操作工业机器人示教器 • 能根据工业机器人运动轨迹调整程序 • 能创建工业机器人程序 • 能添加工业机器人指令 • 能调试工业机器人程序 • 能规划工业机器人运动轨迹 • 能设置工业机器人系统网络通信参数	30	
素质	• 能按照安全操作规范操作工业机器人	40	

他人评价	自我反思

学习笔记

项目 8　打磨轮毂项目

情景 1　轮毂上位与打磨

学习目标

学生在工业机器人编程实践中创新性地运用软件工程的方法，根据任务要求，逐步完成程序的总体设计、详细设计和编码工作。具体目标包括以下内容。

知识目标	能力目标	素质目标
• 了解末端执行器 • 了解示教点的概念 • 熟悉工业机器人编程指令 • 熟悉工业机器人编程方法 • 熟悉工业机器人编程规范	• 能获取示教点 • 能操作末端执行器对工件进行作业 • 能编写工业机器人程序 • 能运用工业机器人编程方法编写工业机器人程序 • 能按照工业机器人编程规范编写程序	• 具备创新意识 • 具备攻坚克难的意志

职业情境与教学情境

在汽车行业，轮毂打磨是一项必不可少的工作。在传统的轮毂打磨工艺中，打磨工用磨砂轮打磨轮毂的金属部分，使轮毂表面变得光亮，如图 8-1 所示。本项目来源于汽车行业的打磨项目。自动化的打磨设备是出工业机器人按照轮毂打磨工艺完成轮毂打磨工作。在实训室，仓储单元、打磨单元、工具单元、工业机器人单元和总控单元共同组成智能化轮毂打磨生产线。在智能化轮毂打磨生产线中，轮毂存放在仓储区；在打磨前，先取出轮毂，然后放到轮毂打磨工位；打磨工具沿轮毂边沿进行打磨。

图 8-1　传统轮毂打磨工艺

工作任务

在编程过程中，操作员不能采用传统编程方法，而应创新地采用软件工程的编程方法。在面对技术困难时，操作员应发扬攻坚克难的精神。请编写工业机器人程序，并符合下列工作流程。

（1）工业机器人回到机械原点，能够从原点开始动作。

（2）工业机器人运动到工具区，安装夹爪工具。

（3）工业机器人运动到仓储区，抓取指定轮毂。

（4）工业机器人运动到打磨区，将轮毂放到放置点。

（5）工业机器人更换工具为打磨工具。

（6）工业机器人按照轮毂打磨工艺打磨轮毂。

（7）工业机器人放置打磨工具。

工作过程一 任务分解

 工作目标

- 工作任务分解图完整

学习内容

- 工作任务分解方法

一、资讯

1. 总任务分解

工作任务涉及打磨区、工具区和仓储区。如图8-2所示，工作任务按照工作区划分为4个子任务，即打磨区工作任务、工具区工作任务、区间过渡工作任务和仓储区工作任务，这些子任务构成任务层次结构的第2层。

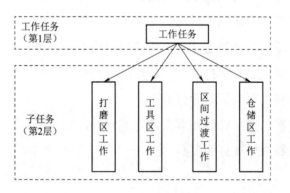

图8-2 总任务分解

2. 打磨区工作任务分解

在打磨区，工业机器人先放置轮毂，然后再对其进行打磨，所以打磨区工作任务可分解为两个原子任务，即打磨轮毂和放置轮毂，他们属于任务层次结构的第3层，如图8-3所示。

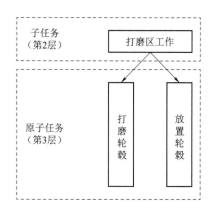

图 8-3　打磨区工作任务分解

3. 仓储区工作任务分解

在仓储区，工业机器人可以抓取任意一个轮毂。仓储区共有 6 个轮毂，所以仓储区工作任务可分解为 6 个原子任务，即抓取 1 号轮毂、抓取 2 号轮毂、抓取 3 号轮毂、抓取 4 号轮毂、抓取 5 号轮毂和抓取 6 号轮毂。仓储区工作任务分解如图 8-4 所示。

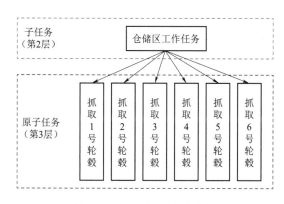

图 8-4　仓储区工作任务分解

4. 工具区工作任务分解

在工具区，工业机器人为了工作需要安装不同的工具，且存在工具切换行为。工业机器人在打磨轮毂时使用打磨工具；工业机器人在搬运轮毂时使用夹爪工具。因此，工具区工作任务可分解为 3 个子任务，即卸载工具、更换工具和安装工具，这些子任务属于任务层次结构的第 3 层。因工业机器人使用两种不同的工具，所以任务层次结构的第 3 层又分解为 4 个原子任务，即卸载打磨工具、卸载夹爪工具、安装夹爪工具和安装打磨工具。工具区工作任务分解如图 8-5 所示。

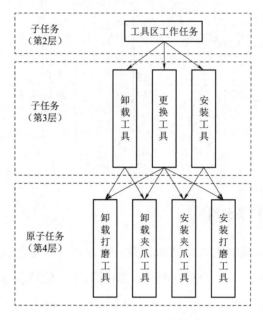

图 8-5　工具区工作任务分解

5. 区间过渡工作任务分解

不同的工作区位于不同的位置，工业机器人在不同位置之间运动。所以区间过渡工作任务可分解为 4 个原子任务，即运动到工具区、运动到仓储区、运动到打磨区和回机械原点。区间过渡工作任务分解如图 8-6 所示。

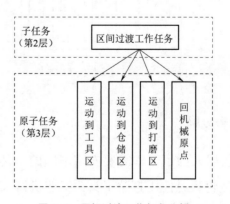

图 8-6　区间过渡工作任务分解

二、习题

1. 任务分解的意义是（　　）。

A. 分解任务的复杂度　　　　　　　B. 区分任务内容

C. 为模块化编程做准备　　　　　　D. 无意义

2. 对任务分解的正确描述是（　　）。

A. 从情景的工作任务开始分解

B. 任务分解的最大层数是 3 层

C. 原子任务是不可再分解的任务

D. 上述描述都错误

3. 工作任务可分解为（　　）个子任务。

A. 1　　　　　　　　B. 2　　　　　　　　C. 3　　　　　　　　D. 4

4. 打磨区工作任务可分解为（　　）个原子任务。

A. 1　　　　　　　　B. 2　　　　　　　　C. 3　　　　　　　　D. 4

5. 仓储区工作任务可分解为（　　）个原子任务。

A. 4　　　　　　　　B. 5　　　　　　　　C. 6　　　　　　　　D. 7

6. 工作任务总共分解为（　　）层。

A. 1　　　　　　　　B. 2　　　　　　　　C. 3　　　　　　　　D. 4

工作过程二　程序总体设计

工作目标

- 每个原子任务对应 1 个程序模块

学习内容

- 程序模块化设计方法
- 函数命名规则

一、资讯

1. 打磨区工作模块

打磨区工作任务共有两个原子任务。如表 8-1 所示，在工业机器人程序中，两个原子任务的实现函数分别代表两个模块。

表 8-1　打磨区工作模块

函数名称	原子任务	函数说明
polishHub	打磨轮毂	当工业机器人安装打磨工具，并且停留在打磨区时，该函数使工业机器人打磨轮毂。该函数不会自动判断工业机器人状态，操作员需确认工业机器人的状态是否满足前提条件，然后再调用该函数
placeHub	放置轮毂	当工业机器人抓取轮毂，并且停留在打磨区时，该函数使工业机器人将轮毂放置在轮毂放置点。该函数不会自动判断工业机器人状态，操作员需确认工业机器人的状态是否满足前提条件，然后再调用该函数

2. 仓储区工作模块

仓储区工作任务共有 6 个原子任务。如表 8-2 所示，在工业机器人程序中，

6个原子任务的实现函数分别代表6个模块。

表 8-2　仓储区工作模块

函数名称	原子任务	函数说明
pick1Hub	抓取 1 号轮毂	当工业机器人停留在仓储区，并且已安装夹爪工具时，该函数使工业机器人抓取仓储 1 号轮毂。该函数不会自动判断工业机器人状态，操作员需确认工业机器人的状态是否满足前提条件，然后再调用该函数
pick2Hub	抓取 2 号轮毂	当工业机器人停留在仓储区，并且已安装夹爪工具时，该函数使工业机器人抓取仓储 2 号轮毂。该函数不会自动判断工业机器人状态，操作员需确认工业机器人的状态是否满足前提条件，然后再调用该函数
pick3Hub	抓取 3 号轮毂	当工业机器人停留在仓储区，并且已安装夹爪工具时，该函数使工业机器人抓取仓储 3 号轮毂。该函数不会自动判断工业机器人状态，操作员需确认工业机器人的状态是否满足前提条件，然后再调用该函数
pick4Hub	抓取 4 号轮毂	当工业机器人停留在仓储区，并且已安装夹爪工具时，该函数使工业机器人抓取仓储 4 号轮毂。该函数不会自动判断工业机器人状态，操作员需确认工业机器人的状态是否满足前提条件，然后再调用该函数
pick5Hub	抓取 5 号轮毂	当工业机器人停留在仓储区，并且已安装夹爪工具时，该函数使工业机器人抓取仓储 5 号轮毂。该函数不会自动判断工业机器人状态，操作员需确认工业机器人的状态是否满足前提条件，然后再调用该函数
pick6Hub	抓取 6 号轮毂	当工业机器人停留在仓储区，并且已安装夹爪工具时，该函数使工业机器人抓取仓储 6 号轮毂。该函数不会自动判断工业机器人状态，操作员需确认工业机器人的状态是否满足前提条件，然后再调用该函数

3. 工具区工作模块

工具区工作任务共有 3 个子任务和 4 个原子任务。如表 8-3 所示，在工业机器人编程时，4 个原子任务的实现函数分别代表 4 个模块。3 个子任务没有实现函数，子任务可以视为原子任务的组合，所以子任务的实现需要调用原子任务的实现函数。

表 8-3　工具区工作模块

函数名称	原子任务	函数说明
uninstallPawTool	卸载夹爪工具	如果工业机器人停留在工具区，并且已经安装了夹爪工具，该函数使工业机器人卸载夹爪工具。该函数不会自动判断工业机器人状态，操作员需确认工业机器人的状态是否满足前提条件，然后再调用该函数
uninstallGrindingT	卸载打磨工具	当工业机器人停留在工具区，并且已经安装打磨工具时，该函数使工业机器人卸载打磨工具。该函数不会自动判断工业机器人状态，操作员需确认工业机器人的状态是否满足前提条件，然后再调用该函数
installGrabT	安装夹爪工具	当工业机器人停留在工具区，并且没有安装任何工具时，该函数使工业机器人安装夹爪工具。该函数不会自动判断工业机器人状态，操作员确认工业机器人的状态是否满足前提条件，然后再调用该函数
installGrindingT	安装打磨工具	当工业机器人停留在工具区，并且没有安装任何工具时，该函数使工业机器人安装打磨工具。该函数不会自动判断工业机器人状态，操作员需确认工业机器人的状态是否满足前提条件，然后再调用该函数

4. 区间过渡工作模块

区间过渡工作任务共有 4 个原子任务。如表 8-4 所示，在工业机器人编程时，4 个原子任务的实现函数分别代表 4 个模块。

表 8-4　区间过渡工作模块

函数名称	原子任务	函数说明
moveToToolArea	运动到工具区	工业机器人本体运动到工具区的停靠点
moveToStorageArea	运动到仓储区	工业机器人本体运动到仓储区的停靠点
moveToPolishArea	运动到打磨区	工业机器人本体运动到打磨区的停靠点
moveToMOrigin	回机械原点	工业机器人本体的 6 个关节回到机械原点位置，但本体的位置不发生改变

二、习题

1. 每个原子任务都创建一个程序模块。（   ）

A. 正确   B. 错误

2. 子任务创建一个程序模块。（   ）

A. 正确   B. 错误

3. 子任务的实现需要调用原子任务的实现函数。（   ）

A. 正确   B. 错误

4. 在调用函数时，部分原子任务的函数有前提条件。（   ）

A. 正确   B. 错误

5. 程序的模块化设计具有以下哪些特点？（   ）

A. 每个模块可以独立编程，互不影响。

B. 整个程序是若干模块的逻辑组合。

C. 每个模块可以单独调试和测试。

D. 程序模块提高了程序代码的重复使用率，并减少重复代码的数量。

工作过程三　打磨区工作模块设计与编程

工作目标

- 打磨区各工作模块的流程图
- 打磨区各工作模块的程序代码

学习内容

- 运动轨迹规划
- 工业机器人示教器的操作
- 识别打磨区放置位
- 工业机器人编程
- 规划打磨流程
- 打磨工具的使用

一、资讯

1. 打磨区设备布局

　　打磨区有放料位、打磨位、吹气位、磁环开关和气动阀门。工业机器人将轮毂放置在打磨位，然后，打磨工具在轮毂表面打磨一圈。在打磨过程中，工业机器人负责带动打磨工具移动。因此，工业机器人有放置轮毂的运动轨迹和打磨轮毂的运动轨迹。打磨区设备布局如图8-7所示。

（a）

图8-7　打磨区设备布局

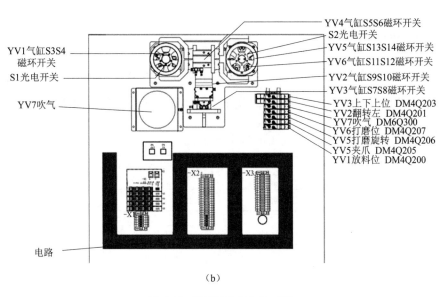

（b）

图 8-7 打磨区设备布局（续）

2. 运动轨迹

工业机器人在放料位放置轮毂，放置点是 $P2$ 点。当工业机器人位于打磨区时，工业机器人的初始位置是 $P1$ 点。在放置轮毂时，工业机器人沿直线运动到 $P2$ 点，然后释放轮毂。在放置轮毂后，工业机器人回到 $P1$ 点。在打磨轮毂时，工业机器人运动到 $P6$ 点，然后沿直线运动到 $P7$ 点，打磨工具在打磨位打磨轮毂的边缘，工业机器人沿圆弧运动，运动途经 $P3$、$P4$ 和 $P5$ 点，最后回到 $P7$ 点。此时，轮毂打磨完成，工业机器人途经 $P6$ 点，返回 $P1$ 点。工业机器人的运动轨迹与轮毂边缘一致，轮毂边缘是圆形，所以工业机器人的打磨运动轨迹也是圆形轨迹。打磨区运动轨迹如图 8-8 所示。

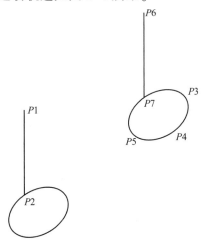

图 8-8 打磨区运动轨迹

3. 流程图

打磨区工作模块共有两个：一个是 placeHub，该模块实现放置轮毂的流程，具体流程图如图 8-9 所示；另一个是 polishHub，该模块实现打磨轮毂的流程，具体流程如图 8-10 所示。

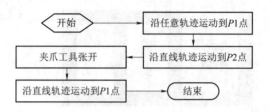

图 8-9　placeHub 模块流程图

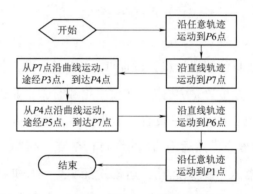

图 8-10　polishHub 模块流程图

4. 编写程序

操作员按照图 8-9、图 8-10 所示流程图编写程序。placeHub 模块程序如表 8-5 所示，polishHub 模块程序如表 8-6 所示。为了减少示教点的数量，将 $P1$、$P3$、$P4$、$P5$ 和 $P7$ 点作为示教点，其余点视为这些示教点的偏移。在程序中，$P2$ 表示为 offs（$P1$，0，0，-200），$P6$ 表示为 offs（$P7$，0，0，200）。

表 8-5　placeHub 模块程序

行号	程序代码	行号	程序代码
1	MoveJ P1, v1000, z00, tool0;	3	Set JIAZHUA_IO
2	MoveL offs（P1, 0, 0, -200）, v1000, z0, tool0;	4	MoveL P1, v1000, z0, tool0;

表 8-6　polishHub 模块程序

行号	程序代码	行号	程序代码
1	MoveJ offs（P7, 0, 0, 200）, v1000, z00, tool0;	7	MoveC P4, v1000, z0, tool0;
2	MoveL P7, v1000, z0, tool0;	8	MoveC P5, v1000, z0, tool0;
3	MoveC P7, v1000, z0, tool0;	9	MoveC P7, v1000, z0, tool0;
4	MoveC P3, v1000, z0, tool0;	10	MoveL offs（P7, 0, 0, 200）, v1000, z0, tool0;
5	MoveC P4, v1000, z0, tool0;	11	MoveJ P1, v1000, z00, tool0;
6	MoveL P4, v1000, z0, tool0;		

二、习题

1. 工业机器人放置轮毂时，信号值是什么状态？

2. 打磨单元的放置点有几个？

3. 在打磨轮毂时，打磨工具沿轮毂边缘走了几圈？

工作过程四 仓储区工作模块设计与编程

 工作目标

- 仓储区各工作模块的流程图

 学习内容

- 工业机器人编程指令
- 运动轨迹规划
- 工业机器人示教器的操作
- 工业机器人程序调试方法
- 识别仓储单元仓位编号
- 识别轮毂编号
- 工业机器人编程

一、资讯

1. 仓储区设备布局

仓储区是存放轮毂的区域。该区域划分为 2 行 3 列，共 6 个仓位。从上到下、从左到右，仓位分别编号为 1、2、3、4、5 和 6。每个仓位可弹出托盘，轮毂放置在托盘的中心位置，工业机器人在抓取轮毂时必须在托盘的上方。同一行，相邻两个仓位的水平距离相等。仓储区设备布局如图 8-11 所示。

2. 运动轨迹

在仓储区，工业机器人可单独到达任意一个仓位存取轮毂。$P1$ 点是起始点，工业机器人在仓储区时默认停在 $P1$ 点；$P9$、$P10$ 和 $P11$ 点分别是第 1 行仓位的轮毂抓取点；$P12$、$P13$ 和 $P14$ 点分别是第 2 行仓位的轮毂抓取点；每个抓取点的正上方都有一个安全点。在抓取第 1 行轮毂时，工业机器人运动到抓取点上方的安全点，然后再垂直向下运动到抓取点；在抓取第 2 行轮毂时，工业机器人先运动到 $P8$ 点，然后运动到抓取点上方的安全点，最后运动到抓取点。在抓取

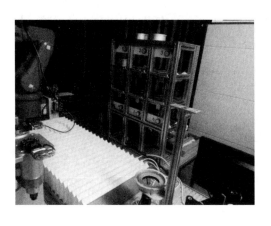

（a）

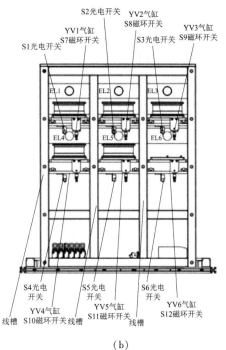

（b）

图 8-11　仓储区设备布局

完成后，工业机器人沿原轨迹返回。仓储区运动轨迹如图 8-12 所示。

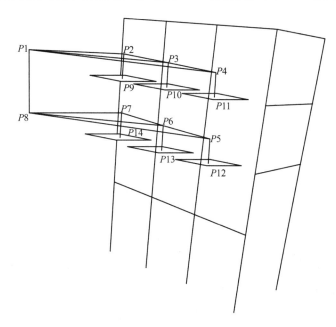

图 8-12　仓储区运动轨迹

3. 流程图

在每一次抓取轮毂时，工业机器人的起始位置是 *P*1 点。在第 1 行仓位时，工业机器人抓取 *P*9 点轮毂的流程图如图 8-13 所示。抓取 *P*10 和 *P*11 点轮毂的流程与此相同，区别是点位不同。

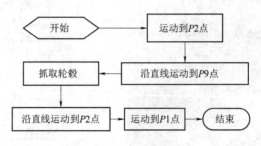

图 8-13　工业机器人抓取 *P*9 点轮毂的流程图

工业机器人由 *P*1 点垂直向下运动到 *P*8 点，从第 1 行仓位切换为第 2 行仓位。然后，工业机器人开始抓取轮毂的流程。工业机器人抓取 *P*14 点轮毂的流程如图 8-14 所示。抓取 *P*13 和 *P*12 点轮毂的流程与此相同，区别是点位不同。

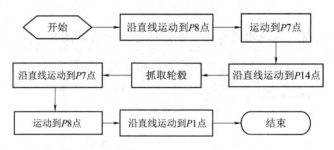

图 8-14　工业机器人抓取 *P*14 点轮毂的流程图

4. 编写程序

仓储区共有 6 个工作模块。pick1Hub、pick2Hub 和 pick3Hub 模块程序参考图 8-12 所示的流程图；pick4Hub、pick5Hub 和 pick6Hub 模块程序参考图 8-13 所示的流程图。仓储区抓取轮毂程序如表 8-7 所示。为了减少示教点的数量，只把 *P*1 点作为示教点，其余点将该点作为参考点。offs（*P*1，−50，0，0）代表 *P*2，offs（*P*1，−50，0，−50）代表 *P*9，offs（*P*1，−50，50，0）代表 *P*3，offs（*P*1，−50，50，−50）代表 *P*10，offs（*P*1，−50，100，0）代表 *P*4，offs（*P*1，−50，100，−50）代表 *P*11，offs（*P*1，0，0，−200）代表 *P*8，offs（*P*1，−50，0，−200）代表 *P*7，offs（*P*1，−50，0，−250）代表 *P*14，offs（*P*1，−50，50，−200）代表 *P*6，offs（*P*1，−50，50，−250）代表 *P*13，offs（*P*1，−50，100，

−200）代表 *P*5，offs（*P*1，−50，100，−250）代表 *P*12。

表 8-7　仓储区抓取轮毂程序

| | pick1Hub 模块 |
行号	程序代码	行号	程序代码
1	ReSet ZHUAFANG_IO	4	Set ZHUAFANG_IO
2	MoveJ offs（P1，−50，0，0），v1000，z00，tool0;	5	MoveL offs（P1，−50，0，0），v100，z0，tool0;
3	MoveL offs（P1，−50，0，−50），v100，z0，tool0;	6	MoveJ P1，v1000，z00，tool0;

| | pick2Hub 模块 |
行号	程序代码	行号	程序代码
1	ReSet ZHUAFANG_IO	4	Set ZHUAFANG_IO
2	MoveJ offs（P1，−50，50，0），v1000，z00，tool0;	5	MoveL offs（P1，−50，50，0），v100，z0，tool0;
3	MoveL offs（P1，−50，50，−50），v100，z0，tool0;	6	MoveJ offs（P1，−50，50，−50），v1000，z00，tool0;

| | pick3Hub 模块 |
行号	程序代码	行号	程序代码
1	ReSet ZHUAFANG_IO	4	Set ZHUAFANG_IO
2	MoveJ offs（P1，−50，100，0），v1000，z00，tool0;	5	MoveL offs（P1，−50，100，0），v100，z0，tool0;
3	MoveL offs（P1，−50，100，−50），v100，z0，tool0;	6	MoveJ offs（P1，−50，100，−50），v1000，z00，tool0;

| | pick4Hub 模块 |
行号	程序代码	行号	程序代码
1	ReSet ZHUAFANG_IO	3	MoveJ offs(P1,−50,0,−200),v1000,z00,tool0;
2	MoveL offs(P1,0,0,−200),v100,z0,tool0;	4	MoveL offs(P1,−50,0,−250),v100,z0,tool0;

项目 8　打磨轮毂项目 ◼　　115

续表

行号	程序代码	行号	程序代码
5	Set ZHUAFANG_IO	7	MoveJ offs (P1, 0, 0, -200), v1000, z00, tool0;
6	MoveL offs (P1, -50, 0, -200), v1000, z00, tool0;	8	MoveL P1, v1000, z00, tool0;

pick5Hub 模块

行号	程序代码	行号	程序代码
1	ReSet ZHUAFANG_IO	5	Set ZHUAFANG_IO
2	MoveL offs (P1, 0, 0, -200), v100, z0, tool0;	6	MoveL offs (P1, -50, 50, -200), v1000, z00, tool0;
3	MoveJ offs (P1, -50, 50, -200), v1000, z00, tool0;	7	MoveJ offs (P1, 0, 0, -200), v1000, z00, tool0;
4	MoveL offs (P1, -50, 50, -250), v100, z0, tool0;	8	MoveL P1, v1000, z00, tool0;

pick6Hub 模块

行号	程序代码	行号	程序代码
1	ReSet ZHUAFANG_IO	5	Set ZHUAFANG_IO
2	MoveL offs (P1, 0, 0, -200), v100, z0, tool0;	6	MoveL offs (P1, -50, 100, -200), v1000, z00, tool0;
3	MoveJ offs (P1, -50, 100, -200), v1000, z00, tool0;	7	MoveJ offs (P1, 0, 0, -200), v1000, z00, tool0;
4	MoveL offs (P1, -50, 100, -250), v100, z0, tool0;	8	MoveL P1, v1000, z00, tool0;

二、习题

工业机器人抓取轮毂时，信号值是什么状态？

工作过程五 工具区工作模块设计与编程

工作目标

- 工具区各工作模块的流程图。

学习内容

- 运动轨迹规划
- 工业机器人示教器的操作
- 工业机器人程序调试方法
- 工业机器人编程
- 安装工业机器人夹爪工具
- 拆卸工业机器人夹爪工具
- 安装工业机器人打磨工具
- 拆卸工业机器人打磨工具

一、资讯

1. 工具区设备布局

工具区默认放置 7 个工具，包括夹爪工具和打磨工具等，如图 8-15（a）所示。所有工具分两排交错放置，如图 8-15（b）所示。每个工具都安装有接口和动作气管。

（a）

图 8-15 工具区设备布局

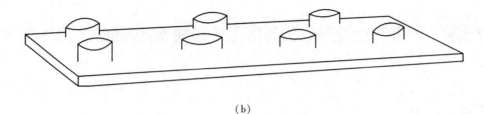

（b）

图 8-15　工具区设备布局（续）

2. 运动轨迹

每个工具抓取点的正上方都有一个安全点，工业机器人从空中的安全点下行到抓取点。所有工具的安全点共同组成一个平面，即安全平面，该平面平行于工业机器人的世界坐标系 xoy 平面，因此，所有安全点在水平面相互偏移。默认工业机器人的初始位置是 $P10$ 点。当工业机器人安装 1 号工具时，工业机器人沿直线下降到抓取点 $P1$ 点；当工业机器人安装 2 号工具时，工业机器人先运动到 $P20$ 点，然后沿直线下降到抓取点 $P2$ 点；当工业机器人安装 3 号工具时，工业机器人先运动到 $P30$ 点，然后沿直线下降到抓取点 $P3$ 点；当工业机器人安装 4 号工具时，工业机器人先运动到 $P40$ 点，然后沿直线下降到抓取点 $P4$ 点；当工业机器人安装 5 号工具时，工业机器人先运动到 $P50$ 点，然后沿直线下降到抓取点 $P5$ 点；当工业机器人安装 6 号工具时，工业机器人先运动到 $P60$ 点，然后沿直线下降到抓取点 $P6$ 点。工业机器人把工具抬高 5 mm，然后带出缺口，再沿直线上升到安全平面，最后回到 $P10$ 点。工具区运动轨迹如图 8-16 所示。

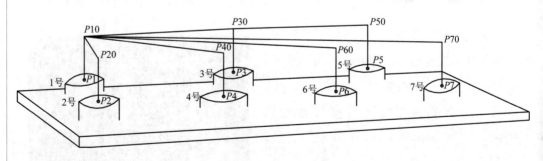

图 8-16　工具区运动轨迹

3. 流程图

工业机器人默认处于 $P10$ 点位置。如果工业机器人安装 1 号工具，则其流程图如图 8-17（a）所示；如果工业机器人安装 2 号工具，则其流程图如图 8-17（b）所示；如果工业机器人安装其余工具，则其程序流程参考图8-17（b）的流程。卸载工具的流程与安装工具的流程一致，将流程图中"工业机器人安装工具"步骤改为"工业机器人卸载工具"步骤即可。

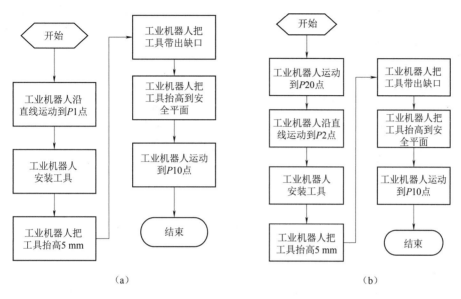

图 8-17　工业机器人安装工具流程图

4. 程序编码

在图 8-16 中，假设 1 号工具和 4 号工具分别是夹爪工具和打磨工具，则工具区各工作模块程序如表 8-8 所示。

表 8-8　工具区各工作模块程序

installGrabT 模块			
行号	程序代码	行号	程序代码
1	ReSet ZHUAFANG_IO	5	MoveL offs（P1, 0, 100, 5），v100, z0, tool0;
2	MoveL P1，v50，z0，tool0;	6	MoveJ offs（P1, 0, 100, 100），v100, z0, tool0;
3	Set ZHUAFANG_IO	7	MoveJ P10, v100, z0, tool0;
4	MoveL offs（P1, 0, 0, 5），v10, z0, tool0;		

续表

installGrindingT 模块			
行号	程序代码	行号	程序代码
1	ReSet ZHUAFANG_IO	5	MoveL offs（P4, 0, 0, 5）, v10, z0, tool0;
2	MoveJ P40, v100, z0, tool0;	6	MoveL offs（P4, 0, 100, 5）, v100, z0, tool0;
3	MoveL P4, v50, z0, tool0;	7	MoveJ offs（P4, 0, 100, 100）, v100, z0, tool0;
4	Set ZHUAFANG_IO	8	MoveJ P10, v100, z0, tool0;

uninstallGrabT 模块			
行号	程序代码	行号	程序代码
1	MoveL P1, v50, z0, tool0;	3	MoveL P10, v10, z0, tool0;
2	ReSet ZHUAFANG_IO		

uninstallGrindingT 模块			
行号	程序代码	行号	程序代码
1	MoveJ P40, v100, z0, tool0;	4	MoveL P40, v100, z0, tool0;
2	MoveL P4, v50, z0, tool0;	5	MoveJ P10, v100, z0, tool0;
3	ReSet ZHUAFANG_IO		

二、习题

1. 请问 ABB 工业机器人的运动指令有哪些（指出运动指令的名称）？它们之间有何区别？

2. 请问 ABB 工业机器人的信号指令有哪些（指出信号指令的名称）？

3. 在添加 I/O 信号时，配置了哪些参数，参数值是什么？

4. 在新建程序时，要配置哪些参数？

5. 删除程序时，在选中要删除的程序后，再单击哪里？

6. 在新建模块时，要配置哪些参数？

7. 在示教点时，选中点的名称后，再单击哪里？

8. 如何在一行程序代码的上方添加程序代码？

9. 删除程序代码时，在选中被删除程序代码后，再单击哪里？

10. 在修改运动指令的运行速度参数时，有哪些速度值可以选择？

11. 安全点的用途是什么？

12. 工业机器人在装配夹爪工具时，信号值是什么状态？

13. 示教器屏幕上一共有多少个按钮？分别叫什么名字？

14. 示教器上的摇杆有什么作用？

15. ABB 工业机器人有几种运动模式？

16. 描述工业机器人程序的层次结构。

17. 在安装打磨工具时，信号值是多少？

18. 在拆卸夹爪工具时，信号值是多少？

19. 工业机器人在运动到工具区时，滑台的位置值是多少？

20. 在拆卸打磨工具时，信号值是多少？

21. 请描述定位销的用途。

工作过程六　区间过渡工作模块设计与编程

工作目标

- 区间过渡各工作模块的流程图。

学习内容

- 工业机器人编程
- 运动轨迹规划
- 工业机器人示教器的操作
- 工业机器人程序调试方法
- 工业机器人机械原点定位
- 更新转速计数器

一、资讯

1. 伺服导轨布局

伺服导轨位于各个工作区的中间位置，工业机器人在该导轨上运行，运动方向只有一个方向，即单轴运动。伺服导轨的周围包括打磨区、仓储区和工具区。工业机器人在不同的区有不同的停靠点和姿态。伺服导轨布局如图 8-18 所示。

图 8-18　伺服导轨布局

2. 运动轨迹

工业机器人在伺服导轨中运动。运动方向包括 X 轴的正方向和负方向。打磨区的停靠点是 $P1$ 点，仓储区的停靠点是 $P2$ 点，工具区的停靠点是 $P3$ 点。如果工业机器人停靠在工具区，然后前往仓储区，则运动轨迹是 $P3 \rightarrow P2$；如果工业机器人停靠在仓储区，然后前往打磨区，则运动轨迹是 $P2 \rightarrow P1$；如果工业机器人停靠在打磨区，然后前往工具区，则运动轨迹是 $P1 \rightarrow P3$。伺服导轨运动轨迹如图 8-19 所示。

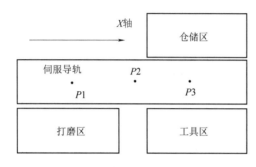

图 8-19　伺服导轨运动轨迹

3. 流程图

区间过渡共有 4 个工作模块。moveToMOrigin 模块实现工业机器人各个关节回机械原点，如图 8-20 所示；moveToToolArea 模块实现工业机器人整体运动到 $P3$ 点，如图 8-21 所示；moveToStorageArea 模块实现工业机器人整体运动到 $P2$ 点，如图 8-22 所示；moveToPolishArea 模块实现工业机器人整体运动到 $P1$ 点，如图 8-23 所示。

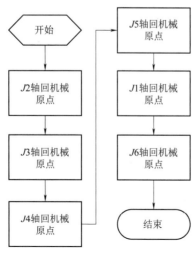

图 8-20　moveToMOrigin 模块流程图

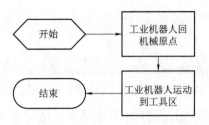

图 8-21　moveToToolArea 模块流程图

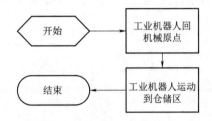

图 8-22　moveToStorageArea 模块流程图

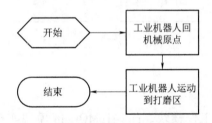

图 8-23　moveToPolishArea 模块流程图

4. 编写程序

操作员根据上述流程图编写 moveToMOrigin 模块程序，如表 8-9 所示。

表 8-9　moveToMOrigin 模块程序

moveToMOrigin 模块			
行号	程序代码	行号	程序代码
1	MoveJ P42, v50, z0, tool0;	4	MoveJ P45, v50, z0, tool0;
2	MoveJ P43, v50, z0, tool0;	5	MoveJ P41, v50, z0, tool0;
3	MoveJ P44, v50, z0, tool0;	6	MoveJ P46, v50, z0, tool0;

二、习题

1. 工业机器人在回机械原点时，最好用哪个运动指令？

2. 工业机器人在运动到打磨区时，滑台的位置值是多少？

3. 工业机器人在运动到仓储区时，滑台的位置值是多少？

 学习评价

	评价内容	分值	教师评价
知识	• 了解末端执行器 • 了解示教点的概念 • 熟悉工业机器人编程指令 • 熟悉工业机器人编程方法 • 熟悉工业机器人编程规范	30	
能力	• 能获取示教点 • 能操作末端执行器对工件进行作业 • 能编写工业机器人程序 • 能运用工业机器人编程方法编写工业机器人程序 • 能按照工业机器人编程规范编写程序	30	
素质	• 具备创新意识 • 具备攻坚克难的意志	40	
他人评价		自我反思	

情景 2   轮毂分拣

学习目标

学生在工业机器人编程实践中创新性地运用软件工程的方法，根据任务要求，完成程序的总体设计，并能对已有的程序模块开展程序测试。具体目标包括以下内容。

知识目标	能力目标	素质目标
● 了解末端执行器 ● 熟悉工业机器人编程指令 ● 熟悉工业机器人程序结构 ● 熟悉工业机器人程序测试方法	● 能操作末端执行器对工件进行作业 ● 能编写工业机器人程序 ● 能运用程序测试方法调试工业机器人程序	● 热爱劳动

职业情境与教学情境

在汽车行业，轮毂打磨是一项必不可少的工作。在传统的轮毂打磨工艺中，打磨工用磨砂轮打磨轮毂的金属部分，使轮毂表面变得光亮。本项目来源于汽车行业的打磨项目。自动化的打磨设备是由工业机器人按照轮毂打磨工艺完成轮毂打磨工作。在实训室，仓储单元、打磨单元、工具单元、工业机器人单元和总控单元共同组成智能化轮毂打磨生产线。在轮毂打磨结束后，轮毂被划分到不同的出口。因此，轮毂分拣是打磨轮毂项目的收尾环节。

工作任务

操作员请按照如下工作流程完成工业机器人程序的总体设计，然后绘制部分模块的流程图，并在此基础上测试程序模块。

（1）工业机器人在工具区安装夹爪工具。

（2）工业机器人在打磨区抓取打磨完毕的轮毂。

（3）工业机器人把轮毂搬运到视觉检测区。

（4）视觉检测轮毂编号。

（5）工业机器人把轮毂放置到分拣单元入口处。

（6）工业机器人回到工具区，放置工具。

（7）工业机器人回到机械原点位置。

工作过程一　任务分解

工作目标

● 工作任务分解图完整

学习内容

● 工作任务分解方法

一、资讯

1. 总任务分解

工作任务的内容包括工具单元、打磨单元、视觉检测单元、分拣单元和执行单元。如图 8-24 所示，按照各工作单元，工作任务可分解为 5 个子任务，即工具区工作任务、打磨区工作任务、视觉检测区工作任务、分拣区工作任务和区间过渡工作任务。

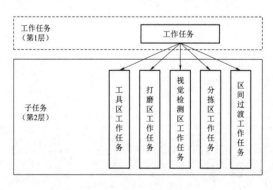

图 8-24　总任务分解

2. 工具区工作任务分解

在工具区，工业机器人安装或者卸载夹爪工具，所以工具区工作任务可分解为两个原子任务，即安装夹爪工具和卸载夹爪工具，如图 8-25 所示。

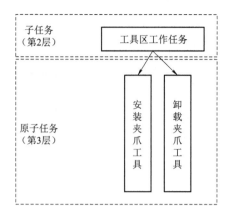

图 8-25　工具区工作任务分解

3. 打磨区工作任务分解

在打磨区，工业机器人只抓取打磨完成的轮毂，所以打磨区工作任务只有 1 个原子任务，即抓取轮毂，如图 8-26 所示。

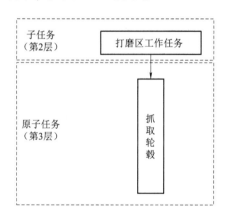

图 8-26　打磨区工作任务分解

4. 视觉检测区工作任务分解

在视觉检测区，工业机器人处于抓取轮毂状态。工业机器人把轮毂放入视觉传感器上方的视觉检测位置。当轮毂位于视觉检测位置时，工业机器人发出视觉检测启动信号；在视觉检测完毕后，工业机器人把轮毂搬回原位。因此，视觉检测区工作任务可分解为轮毂入位、轮毂出位和启动视觉检测 3 个原子任务，如图 8-27 所示。

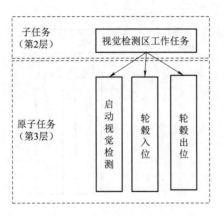

图 8-27 视觉检测区工作任务分解

5. 分拣区工作任务分解

在分拣区，工业机器人放置轮毂到分拣区入口，因此，分拣区工作任务只有 1 个原子任务，即放置轮毂，如图 8-28 所示。

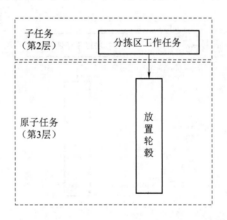

图 8-28 分拣区工作任务分解

6. 区间过渡工作任务分解

工业机器人在工作时涉及工具区、打磨区、视觉检测区和分拣区，每个区分别有特定的位置，工业机器人在工作时往返于不同位置。因此，区间过渡工作任务可分解为 5 个原子任务，即运动到工具区、运动到打磨区、运动到视觉检测区、运动到分拣区和回机械原点，如图 8-29 所示。

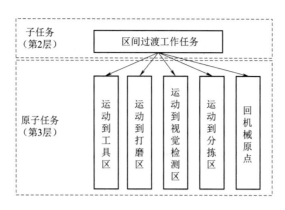

图 8-29 区间过渡工作任务分解

二、习题

1. 工作任务可分解为（   ）个子任务。

A. 3   B. 4   C. 5   D. 6

2. 工具区工作任务可分解为（   ）个原子任务。

A. 1   B. 2   C. 3   D. 4

3. 打磨区工作任务可分解为（   ）个原子任务。

A. 1   B. 2   C. 3   D. 4

4. 视觉检测区工作任务可分解为（   ）个原子任务。

A. 1   B. 2   C. 3   D. 4

5. 分拣区工作任务可分解为（   ）个原子任务。

A. 1   B. 2   C. 3   D. 4

6. 区间过渡工作任务可分解为（   ）个原子任务。

A. 1   B. 2   C. 3   D. 4

工作过程二　程序模块总体设计

工作目标

- 每个原子任务有 1 个程序模块

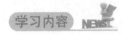学习内容

- 程序模块化设计方法
- 函数命名规则

一、资讯

1. 工具区工作模块

工具区工作任务有两个原子任务，所以操作员在工业机器人程序中创建两个模块，如表 8-10 所示。

表 8-10　工具区工作模块

函数名称	原子任务	函数说明
installPawTool	安装夹爪工具	当工业机器人位于工具区指定位置时，该函数使工业机器人安装夹爪工具。该函数不会自动判断工业机器人状态，操作员需确认工业机器人的状态是否满足前提条件，然后再调用该函数
uninstallPawTool	卸载夹爪工具	当工业机器人位于工具区指定位置时，该函数使工业机器人卸载夹爪工具。该函数不会自动判断工业机器人状态，操作员需确认工业机器人的状态是否满足前提条件，然后再调用该函数

2. 打磨区工作模块

打磨区工作任务只有 1 个原子任务，所以操作员在工业机器人程序中创建 1 个模块，如表 8-11 所示。

表 8-11　打磨区工作模块

函数名称	原子任务	函数说明
pickHub	抓取轮毂	当工业机器人位于打磨区时，该函数使工业机器人抓取已经打磨好的轮毂。该函数不会自动判断工业机器人状态，操作员需确认工业机器人的状态是否满足前提条件，然后再调用该函数

3. 视觉检测区工作模块

视觉检测区工作任务有 3 个原子任务，所以操作员在工业机器人程序中创建 3 个模块，如表 8-12 所示。

表 8-12　视觉检测区工作模块

函数名称	原子任务	函数说明
startVisualInspection	启动视觉检测	该函数启动外部视觉软件
putHubIntoInspection	轮毂入位	当工业机器人位于视觉检测区位置时，该函数认为工业机器人已抓取轮毂，并且使工业机器人搬运轮毂到视觉检测的区域。该函数不会自动判断工业机器人状态，操作员需确认工业机器人的状态是否满足前提条件，然后再调用该函数
putHubOutInspection	轮毂出位	当工业机器人位于视觉检测区位置时，该函数认为视觉检测区有 1 个轮毂，该函数使工业机器人前往视觉检测区抓取轮毂，然后搬运轮毂到某个安全位置。在规划运动轨迹时，操作员应指定安全位置的实际位置。该函数不会自动判断工业机器人状态，操作员需确认工业机器人的状态是否满足前提条件，然后再调用该函数

4. 分拣区工作模块

分拣区工作任务只有 1 个原子任务，所以操作员在工业机器人程序中创建 1 个模块，如表 8-13 所示。

表8-13 分拣区工作模块

函数名称	原子任务	函数说明
placeHub	放置轮毂	当工业机器人位于分拣区时，该函数使工业机器人放置轮毂到分拣区入口位置。该函数不会自动判断工业机器人状态，操作员需确认工业机器人的状态是否满足前提条件，然后再调用该函数

5. 区间过渡工作模块

区间过渡工作任务有 5 个原子任务，所以操作员在工业机器人程序中创建 5 个模块，如表 8-14 所示。

表8-14 区间过渡工作模块

函数名称	原子任务	函数说明
moveToToolArea	运动到工具区	工业机器人本体运动到工具区的停靠点
moveToPolishArea	运动到打磨区	工业机器人本体运动到打磨区的停靠点
moveToInspectionArea	运动到视觉检测区	工业机器人本体运动到视觉检测区的停靠点
moveToSortingArea	运动到分拣区	工业机器人本体运动到分拣区的停靠点
moveToMOrigin	运动到机械原点	工业机器人本体的 6 个关节回到机械原点，但本体的位置不发生改变

二、习题

1. 关于函数 installPawTool 的用途，正确描述是（　　　）。

A. 当工业机器人位于工具区指定位置时，该函数使工业机器人卸载夹爪工具

B. 该函数启动外部视觉软件

C. 当工业机器人位于打磨区时，该函数使工业机器人抓取已经打磨好的轮毂

D. 当工业机器人位于工具区指定位置时，该函数使工业机器人安装夹爪工具

2. 关于函数 pickHub 的用途，正确描述是（　　　）。

A. 当工业机器人位于分拣区时，该函数使工业机器人放置轮毂到分拣区入口位置

B. 工业机器人本体运动到分拣区的停靠点

C. 工业机器人本体运动到工具区的停靠点

D. 当工业机器人位于打磨区时，该函数使工业机器人抓取已经打磨好的轮毂

3. 关于函数 startVisualInspection 的用途，正确的描述是（　　　）。

A. 当工业机器人位于视觉检测区位置时，该函数认为工业机器人已抓取轮毂，并且使工业机器人搬运轮毂到视觉检测的区域

B. 工业机器人本体的 6 个关节回到机械原点，但本体的位置不发生改变

C. 该函数启动外部视觉软件

D. 工业机器人本体运动到视觉检测区的停靠点

工作过程三 工具区工作模块测试

- 制作工具区工作模块的测试结果报告

- 黑盒测试方法

一、资讯

1. 输入数据等价分类

将工具区工作模块采用输入数据等价分类法进行分类。两个模块的输入数据都包括"工业机器人的位置"和"工业机器人是否安装夹爪工具"。输入数据等价分类结果如表 8-15 所示。

表 8-15 输入数据等价分类结果

installPawTool 模块		
输入数据	有效数据	无效数据
工业机器人的位置	①在工具区指定位置	③不在工具区指定位置
工业机器人是否安装夹爪工具	②否	④是
uninstallPawTool 模块		
输入数据	有效数据	无效数据
工业机器人的位置	⑤在工具区指定位置	⑦不在工具区指定位置
工业机器人是否安装夹爪工具	⑥是	⑧否

2. 测试用例

对工具区两个工作模块分别设计测试用例，如表 8-16 所示。测试数据尽可

能覆盖有效数据规则和无效数据范围，从而使测试数据具有代表性。

表 8-16　测试用例

installPawTool 模块		
测试数据	期望结果	覆盖范围
工业机器人的位置：在工具区指定位置；是否安装夹爪工具：否	工业机器人自动安装夹爪工具	①②
工业机器人的位置：不在工具区指定位置；是否安装夹爪工具：否	工业机器人自动安装夹爪工具失败	③
工业机器人的位置：在工具区指定位置是否安装夹爪工具：是	工业机器人自动安装夹爪工具失败	④
uninstallPawTool 模块		
测试数据	期望结果	覆盖范围
工业机器人的位置：在工具区指定位置；是否安装夹爪工具：是	工业机器人自动卸载夹爪工具	⑤⑥
工业机器人的位置：不在工具区指定位置；是否安装夹爪工具：是	工业机器人自动卸载夹爪工具失败	⑦
工业机器人的位置：在工具区指定位置；是否安装夹爪工具：否	工业机器人自动卸载夹爪工具失败	⑧

3. 测试方法与结果

操作员逐一使用测试数据，按照其指定内容调整工业机器人的位置和夹爪工具，然后，操作员手动运行工业机器人，并观察工业机器人的执行结果。操作员根据工业机器人的实际执行情况记录测试结果，如表 8-17 所示。

表 8-17　测试结果记录表

installPawTool 模块		
测试数据	实际执行结果	是否符合预期
工业机器人的位置：在工具区指定位置；是否安装夹爪工具：否		
工业机器人的位置：不在工具区指定位置；是否安装夹爪工具：否		
工业机器人的位置：在工具区指定位置；是否安装夹爪工具：是		
uninstallPawTool 模块		
测试数据	实际执行结果	是否符合预期
工业机器人的位置：在工具区指定位置；是否安装夹爪工具：是		
工业机器人的位置：不在工具区指定位置；是否安装夹爪工具：是		
工业机器人的位置：在工具区指定位置；是否安装夹爪工具：否		

二、习题

1. 下列哪些数据是 installPawTool 模块的输入数据？（　　　）

A. 工业机器人的位置　　　　　　　B. 工业机器人是否安装夹爪工具

C. 夹爪工具的位置　　　　　　　　D. 工业机器人的工作状态

2. installPawTool 模块包括几组测试数据？（　　　）

A. 2 组　　　　　　　　　　　　　B. 3 组

C. 4 组　　　　　　　　　　　　　D. 5 组

3. uninstallPawTool 模块包括几组测试数据？（　　　）

A. 2 组　　　　　　　　　　　　　B. 3 组

C. 4 组　　　　　　　　　　　　　D. 5 组

工作过程四　打磨区工作模块测试

工作目标

● 制作打磨区工作模块的测试结果报告

学习内容

● 白盒测试方法

一、资讯

1. 运动轨迹

由打磨区运动轨迹（见图 8-8）可知，在打磨区，工业机器人的起始位置是 $P1$ 点，$P7$ 点是抓取轮毂的位置。所以工业机器人从 $P1$ 点出发，途经 $P6$ 点，然后到达 $P7$ 点，在 $P7$ 点，工业机器人抓取轮毂，然后沿原路返回到 $P1$ 点。

2. 流程图

打磨区只有 1 个模块，即 pickHub 模块，其流程图如图 8-30 所示。

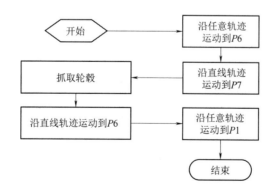

图 8-30　pickHub 模块流程图

3. 测试用例

在理想情况下，工业机器人按照图 8-30 所示的流程图运行。整个流程是一个线性流程，操作员可制定表 8-18 所示的测试用例。

表 8-18　pickHub 模块测试用例

测试数据	预期效果
工业机器人的位置：位于打磨区，并且工业机器人处于 $P1$ 点。 工业机器人已经安装夹爪工具	按照流程图指定的步骤执行

4. 测试方法与结果

操作员使用测试数据，按照其指定内容调整工业机器人的位置和夹爪工具，然后，操作员手动运行工业机器人，并观察工业机器人的执行结果。操作员根据工业机器人的实际执行情况记录测试结果，如表 8-19 所示。

表 8-19　测试结果记录

pickHub 模块		
测试数据	实际执行结果	是否符合预期
工业机器人的位置：位于打磨区，并且工业机器人处于 $P1$ 点。 工业机器人已经安装夹爪工具		

二、习题

1. 白盒测试确保流程图的每个流程是否被有效执行。（　　　）

A. 正确　　　　　　　　　　B. 错误

2. 白盒测试不需要测试用例。（　　　）

A. 正确　　　　　　　　　　B. 错误

 学习评价

	评价内容	分值	教师评价
知识	• 了解末端执行器 • 熟悉工业机器人编程指令 • 熟悉工业机器人程序结构 • 熟悉工业机器人程序测试方法	30	
能力	• 能操作末端执行器对工件进行作业 • 能编写工业机器人程序 • 能运用程序测试方法调试工业机器人程序	30	
素质	• 热爱劳动	40	

他人评价	自我反思

附录 1　虚拟仿真实训项目

情景 1　基本轨迹考核试题

一、判断题

1. 上电使能是指使工业机器人各个关节的电机通电。　　　　　　（　　）

2. 抓笔的夹爪是末端执行器。　　　　　　　　　　　　　　　　（　　）

3. 坐标系原点位于第 2 轴中心位置，X 轴、Y 轴和 Z 轴方向不能改变的直角坐标系就是基坐标系。　　　　　　　　　　　　　　　　　　　　　　（　　）

4. 坐标系原点位于第 2 轴中心位置，X 轴、Y 轴和 Z 轴方向不能改变的直角坐标系就是关节坐标系。　　　　　　　　　　　　　　　　　　　　　　（　　）

5. 工业机器人第 6 轴所在空间位置就是工业机器人姿态。　　　　（　　）

二、选择题

1. 程序代码 MOVJ P0，V100，Z0；的含义是：（　　　）。

A. 工业机器人走直线轨迹，并运动到 $P0$ 点

B. 工业机器人走任意轨迹，并运动到 $P0$ 点

C. 工业机器人走曲线轨迹，并运动到 $P0$ 点

D. 工业机器人的运动速度为参考最大速度的 100%

E. 工业机器人运动到 $P0$ 点后，误差精度为 0

2. 程序代码 MOVL P10，V100，Z0；的含义是：（　　　）。

A. 工业机器人走直线轨迹，并运动到 $P10$ 点

B. 工业机器人走任意轨迹，并运动到 $P10$ 点

C. 工业机器人走曲线轨迹，并运动到 $P10$ 点

D. 工业机器人的运动速度为参考最大速度的 10%

E. 工业机器人运动到 P0 点后，误差精度为 0

3. 程序代码 DOUT OT0，ON；的含义是：（　　）。

A. 工业机器人的信号端口 OT0 输出状态为 ON，继电器闭合

B. 工业机器人的信号端口 OT0 输出状态为 OFF，继电器断开

C. 工业机器人的信号端口 OT1 输出状态为 ON，继电器闭合

D. 工业机器人的信号端口 OT0 输入状态为 ON

E. 工业机器人的信号端口 OT0 输入状态为 OFF

4. 手持示教器时，工业机器人操作员应该（　　）。

A. 单手持示教器

B. 双手持示教器

三、填空题

工业机器人的示教器控制关节正转和反转的按键有_____个。

四、实操题

操作工业机器人写数字"4"，请绘制示教点，并编写工业机器人程序。程序调试成功后，工业机器人能写出完整的数字"4"。

操作要求如下。

（1）在实训报告的计划部分应指出抓取点 P 的编号。

（2）抓笔点的坐标值要与教材中指定的值吻合，并且应把抓笔点的示教点记入实训报告的计划部分。

（3）工业机器人程序必须编写完整，然后写入实训报告的计划部分。

（4）在示教各个示教点时，使用关节坐标系；在全自动运行程序时，使用基坐标系。

情景 1 基本轨迹评价表

过程评价表

一级指标	二级指标	学习表现记录
素质 (40分)	● 具备求真务实、严谨踏实的工作作风 (40分)	

增值评价表

一级指标	二级指标	理论测试题与分值
知识 (30分)	● 了解上电使能的概念 (3分) ● 了解末端执行器 (3分) ● 熟悉基坐标系 (3分) ● 熟悉关节坐标系 (3分) ● 熟悉工业机器人编程指令 (9分) ● 熟悉工业机器人示教器 (6分) ● 理解工业机器人姿态 (3分)	一、判断题 1. 上电使能是指使工业机器人各个关节的电机通电。（　　）(3分) 2. 抓笔的夹爪是末端执行器。（　　）(3分) 3. 坐标系原点位于第2轴中心位置，X轴、Y轴和Z轴方向不能改变的直角坐标系就是基坐标系。（　　）(3分) 4. 坐标系原点位于第2轴中心位置，X轴、Y轴和Z轴方向不能改变的直角坐标系就是关节坐标系。（　　）(3分) 5. 工业机器人第6轴所在空间位置就是工业机器人姿态。（　　）(3分) 二、选择题 1. 程序代码 MOVJ P0, V100, Z0; 的含义是：（　　）。(3分) A. 工业机器人走直线轨迹，并运动到 $P0$ 点 B. 工业机器人走任意轨迹，并运动到 $P0$ 点 C. 工业机器人走曲线轨迹，并运动到 $P0$ 点 D. 工业机器人的运动速度为参考最大速度的100% E. 工业机器人运动到 $P0$ 点后，误差精度为0

续表

一级指标	二级指标	理论测试题与分值
		2. 程序代码 MOVL P10，V100，Z0；的含义是：（　　）。（3分） A. 工业机器人走直线轨迹，并运动到 $P10$ 点 B. 工业机器人走任意轨迹，并运动到 $P10$ 点 C. 工业机器人走曲线轨迹，并运动到 $P10$ 点 D. 工业机器人的运动速度为参考最大速度的 10% E. 工业机器人运动到 $P0$ 点后，误差精度为 0 3. 程序代码 DOUT OT0，ON；的含义是：（　　）。（3分） A. 工业机器人的信号端口 OT0 输出状态为 ON，继电器闭合 B. 工业机器人的信号端口 OT0 输出状态为 OFF，继电器断开 C. 工业机器人的信号端口 OT1 输出状态为 ON，继电器闭合 D. 工业机器人的信号端口 OT0 输入状态为 ON E. 工业机器人的信号端口 OT0 输入状态为 OFF 4. 手持示教器时，工业机器人操作员应该（　　）。（3分） A. 单手持示教器　　　　B. 双手持示教器 三、填空题 工业机器人的示教器控制关节正转和反转的按键有＿＿个。 （3分）

结果评价表

一级指标	二级指标	技能训练任务书	实操过程和实操结果要求
能力 （30分）	• 能使工业机器人上电使能（2.5分） • 能手动操作工业机器人运行（2.5分） • 能操作末端执行器对工件进行作业（2.5分） • 能手动调整工业机器人姿态（2.5分） • 能切换工业机器人的坐标系（2.5分）	操作工业机器人写数字"4"，请绘制示教点，并编写工业机器人程序。程序调试成功后，工业机器人能写出完整的数字"4"	实训报告的计划部分： 1. 在实训报告的计划部分应指出抓取点，并能看出其在程序中哪个位置（体现二级指标8）（2.5分） 2. 抓笔点的坐标值要与教材中指定的值吻合，并且把抓笔点的示教点拍照后记入实训报告的计划部分（体现二级指标2、3、4、7）（2.5+2.5+2.5+0.625＝8.125分）

续表

一级 指标	二级指标	技能训练任务书	实操过程和实操结果要求
	• 能编写工业机器人程序（2.5分） • 能操作工业机器人示教器（2.5分） • 能根据工业机器人姿态数据调整程序（2.5分） • 能创建工业机器人程序（2.5分） • 能添加工业机器人指令（2.5分） • 能调试工业机器人程序（2.5分） • 能按照安全操作规范操作工业机器人（2.5分）		3. 必须把编写的工业机器人程序拍照，并上传到实训报告的计划部分（体现二级指标1、6、7、9、10）（2.5+2.5+0.625+2.5+2.5=10.625分） 实训报告的计划部分和结果部分： 4. 在示教各个示教点时，使用关节坐标系，请把示教过程中使用关节坐标系的图标拍照并上传到实训报告的计划部分；在全自动运行程序时，使用基坐标系，请把使用基坐标系的图标拍照并上传到实训报告的实施结果部分（体现二级指标5、7）（2.5+0.625=3.125分） 5. 必须把工业机器人自动执行程序后的运动过程和结果全部录制为视频，并上传到实训报告的实施结果部分（体现二级指标7、11）（0.625+2.5=3.125分） 6. 从双手持示教器开始，把工业机器人全自动运行的操作过程全部录制为视频，并将视频上传到实训报告的实施结果部分，重点拍摄操作示教器的动作（体现二级指标12）（2.5分）

情景 2　乒乓球分拣考核试题

一、填空题

1. 以下两种描述，请问 A 描述是＿＿＿＿（填单段或者连续）模式；B 描述是＿＿＿＿（填单段或者连续）模式。

A 描述：每次执行程序时，工业机器人只执行一行程序。

B 描述：每次执行程序时，工业机器人逐行执行，直到遇见 END 指令，工业机器人才停止执行程序。

2. 生产力由＿＿＿＿、＿＿＿＿和＿＿＿＿要素构成。

二、判断题

1. 第 6 轴的法兰盘是末端执行器。　　　　　　　　　　　　（　　　）

2. 主程序可以调用子程序，子程序也可以调用主程序。　　　（　　　）

三、单选题

程序代码 CALL FUN2；的含义是：（　　　）。

A. 调用外部子程序 FUN2，并转入子外部程序；在子程序结束后，不返回调用处

B. 调用外部子程序 FUN2，但是不转入子外部程序，外部子程序在后台执行

C. 调用外部子程序 FUN2，并转入外部子程序；在子程序结束后，返回调用处，并继续向下执行

D. 以上都不正确

四、简答题

1. 在乒乓球分拣工作站中，请问劳动资料是什么？劳动工具是什么？劳动者是谁？三者是什么关系？

五、实操题

广数工业机器人虚拟仿真实训平台有一个乒乓球分拣工作站。该工作站有三个盒子、一个乒乓球槽和一个工业机器人（如下图所示）。每个盒子都可以放置乒乓球。在最开始，乒乓球全部在乒乓球槽中。工业机器人分拣乒乓球到不同盒子。

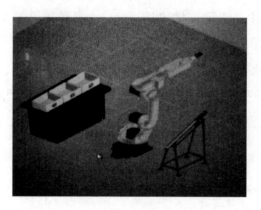

乒乓球分拣工作站

编写工业机器人程序，实现如下效果：工业机器人在乒乓球槽中抓取 1 个乒乓球，然后放入 1 个盒子。

操作要求如下。

（1）使用单段运动模式调试工业机器人程序。

（2）在示教时，调整末端执行器到乒乓球抓取点，然后抓取乒乓球。

（3）工业机器人程序必须编写完整。

（4）使用连续运动模式运行整个工业机器人程序。

情景2 乒乓球分拣评价表

过程评价表

一级指标	二级指标	学习表现记录
素质（40分）	• 能从生产力的角度解读工作站（40分）	简答题 在乒乓球分拣工作站中，请问劳动资料是什么？（10分）劳动工具是什么？（10分）劳动者是谁？（10分）三者是什么关系？（10分）

增值评价表

一级指标	二级指标	理论测试题与分值
知识（30分）	• 熟悉单段/连续运行模式（7.5分） • 了解生产力的构成要素（7.5分） • 了解末端执行器（7.5分） • 熟悉工业机器人编程代码（7.5分）	一、填空题 1. 以下两种描述，请问 A 描述是 _____（填单段或者连续）模式；B 描述是 _____（填单段或者连续）模式。（每空 3.75分） 　A 描述：每次执行程序时，工业机器人只执行一行程序。 　B 描述：每次执行程序时，工业机器人逐行执行，直到遇见 END 指令，工业机器人才停止执行程序。 2. 生产力由 _____、_____ 和 _____ 要素构成。（每空 2.5分） 二、判断题 1. 第6轴的法兰盘是末端执行器。（　　）（7.5分） 2. 主程序可以调用子程序，子程序也可以调用主程序。（　　）（3.75分） 三、单选题 程序代码 CALL FUN2；的含义是：（　　）。（3.75分） 　A. 调用外部子程序 FUN2，并转入外部子程序；在子程序结束后，不返回调用处 　B. 调用外部子程序 FUN2，但是不转入外部子程序，外部程序在后台执行 　C. 调用外部子程序 FUN2，并转入外部子程序；在子程序结束后，返回调用处，并继续向下执行 　D. 以上都不正确

结果评价表

一级指标	二级指标	技能训练任务书	实操过程和实操结果要求
能力 (30分)	• 能在单段/连续运动模式之间进行切换（10分） • 能操作末端执行器对工件进行作业（10分） • 能编写工业机器人程序（10分）	**情境描述** 广数工业机器人虚拟仿真实训平台有一个乒乓球分拣工作站。该工作站有三个盒子、一个乒乓球槽和一个工业机器人。每个盒子都可以放置乒乓球。在最开始，乒乓球全部在乒乓球槽中。该工作站场景来源于乒乓球生产企业，乒乓球采用整盒包装形式。工业机器人分拣乒乓球到不同盒子。 乒乓球分拣工作站 编写工业机器人程序，实现如下效果：工业机器人在乒乓球槽中抓取 1 个乒乓球，然后放入 1 个盒子。	1. 使用单段运动模式调试工业机器人程序，把单段运动模式的图标拍照，并上传到实训报告的计划部分。（5分） 2. 在示教时，调整末端执行器到乒乓球抓取点，然后抓取乒乓球。把末端执行器抓取乒乓球的结果拍照，并上传到实施报告的计划部分。（10分） 3. 把编写的完整的工业机器人程序拍照，并上传到实施报告的计划部分。（10分） 4. 使用连续运动模式运行整个工业机器人程序，把连续运动模式的图标拍照，并上传到实训报告的实施结果部分。（5分）

情景3　单台机床上下料考核试题

一、判断题

1. 在手动运行模式下，操作员按下"伺服准备"按键，然后工业机器人会逐行执行程序。　　　　　　　　　　　　　　　　　　　　（　　）

2. 在自动运行模式下，操作员按下"前进"按键不放，工业机器人会逐行执行程序。　　　　　　　　　　　　　　　　　　　　　　　（　　）

3. 在机床上下料的情景任务中，末端执行器有 2 个夹爪。　　（　　）

4. LAB 指令被用于标记行的位置。　　　　　　　　　　　　（　　）

二、选择题

关于程序代码 WAIT IN0，ON，T0；说法正确的是（　　）。

A. IN0 参数指出输出序号端口号是 0

B. ON 参数指出输出信号端口 0 的期望状态是 ON

C. T0 参数指出等待时间是 10 s

D. 该程序代码使工业机器人停止运行，并且一直等待输入信号端口 IN0 的信号变为 ON

三、实操题

工业机器人示教仿真实训平台有一个单台机床上下料工作站，该工作站场景来源于用于加工机械零件的自动化生产加工车间。在前期，车工了解客户需求，研究加工工艺，而重复性加工操作交给工业机器人完成，因为工业机器人的运动速度比人的操作速度快，所以该做法提高生产加工效率。同时，工业机器人也不知道疲劳，所以上下料工作站的工作时间可以超过 8 小时。

工作任务

编写工业机器人程序，实现以下功能。

（1）工业机器人抓取加工物料。

（2）工业机器人控制机床自动开门/关门。

（3）工业机器人上料。

（4）工业机器人下料。

（5）工业机器人放置物料。

操作要求如下。

（1）在示教上料轨迹的各个示教点时，手动操作工业机器人抓取一个加工物料。

（2）工业机器人程序必须编写完整。

（3）在自动运行模式下，把编写的程序全部执行一遍，并保证工业机器人上料和下料的运动过程无误。

情景 3　单台机床上下料评价表

过程评价表

一级指标	二级指标	学习表现记录
素质 （40分）	• 热爱劳动（40分）	在该任务的学习过程中，不公开找人打扫卫生，并宣布没有劳动教育加分。每次下课观察是否已经有人具备打扫卫生的习惯。如果有人已经养成习惯，则给予素质加分。

增值评价表

一级指标	二级指标	理论测试题与分值
知识 （30分）	• 熟悉手动/自动运行模式（10分） • 了解末端执行器（10分） • 熟悉工业机器人编程指令（10分）	一、判断题 　　1. 在手动运行模式下，操作员按下伺服准备按钮，然后工业机器人会逐行执行程序。（　）（5分） 　　2. 在自动运行模式下，操作员按下前进按钮不放，工业机器人会逐行执行程序。（　）（5分） 　　3. 在机床上下料的情景任务中，末端执行器有 2 个夹爪。（　）（10分） 　　4. LAB 指令被用于标记行的位置。（　）（5分） 二、选择题 　　关于程序代码 WAIT IN0, ON, T0；说法正确的是（　）。（5分） 　　A. IN0 参数指出输出信号端口号是 0 　　B. ON 参数指出输出信号端口 0 的期望状态是 ON 　　C. T0 参数指出等待时间是 10 s 　　D. 该程序代码使工业机器人停止运行，并且一直等待输入信号端口 IN0 的信号变为 ON

结果评价表

一级指标	二级指标	技能训练任务书	实操过程和实操结果要求
能力 (30分)	• 能操作末端执行器对工件进行作业（10分） • 能在手动/自动模式之间进行切换（10分） • 能编写工业机器人程序（10分）	工业机器人示教仿真实训平台有一个单台机床上下料工作站，该工作站场景来源于用于加工机械零件的自动化生产加工车间。在前期，车工了解客户需求，研究加工工艺，而重复性加工操作交给工业机器人完成。因为工业机器人的运动速度比人的操作速度快，所以该做法提高生产加工效率。同时，工业机器人也不知道疲劳，所以上下料工作站的工作时间可以超过8小时。 编写工业机器人程序，实现以下功能。 1. 抓取加工物料 2. 机床自动开门/关门 3. 工业机器人上物料 4. 工业机器人下物料 5. 工业机器人放置物料	1. 在示教上料轨迹的各个示教点时，手动操作工业机器人抓取一个加工物料，把示教各个示教点的过程录制为视频，并上传到实训报告的计划部分。（10分） 2. 把编写的完整的工业机器人程序拍照，并上传到实训报告的计划部分。（10分） 3. 在自动运行模式下，把编写的程序全部执行一遍，把工业机器人上料和下料的运动过程全部录制为视频，并上传到实训报告的实施结果部分。（10分）

附录2　工业机器人集成应用1+X职业技能等级考证实操样题

样题1

工业机器人伺服导轨初始位置处于工作原点位置。工具区放满所有工具，其中工具摆放无顺序要求。仓储区放满所有轮毂，且正面朝下，在程序运行前按下红色"自复位"按键，使仓储区6号料仓推出。编程所涉及的工业机器人I/O信号如表1所示。

表1　工业机器人I/O信号

信号名称	I/O地址	功能说明	对应硬件
ServoHome	12	控制伺服导轨回原点信号，信号值为？时，通过PLC3间接控制伺服导轨回原点。	DN_Generic
ServoPosition	0~9	控制伺服导轨运动位置	DN_Generic
ServoVelocity	10~11	控制伺服导轨运动速度	DN_Generic
ServoArrive	15	伺服导轨到位信号	DN_Generic
QuickChange	0	控制快换装置信号	DSQC652
Grip	2	控制夹爪工具信号	DSQC652
Sucker	1	控制吸盘工具信号	DSQC652

注：组信号ServoPosition的值的输入范围为0~760 mm，组信号ServoVelocity的值的输入范围为0~3（0表示移动速度是0 mm/s，1表示移动速度是15 mm/s，2表示移动速度是25 mm/s，3表示移动速度是40 mm/s）。

（1）新建程序模块KH，并在程序模块中创建主程序main、自动抓取轮辋内圈夹爪工具程序GetGrip、自动释放轮辋内圈夹爪工具程序PutGrip、自动抓取6号料仓轮毂程序GetPack06、搬运至分拣单元程序CarryHub、搬运至打磨单元程序PolishHub。

（2）在编写程序时，工业机器人均需从工作原点Home点出发，执行完相应的动作后返回工作原点Home点。Home点的位置数据为（0，-30，30，0，90，0）。

（3）编写主程序 main，实现如下效果：当按下绿色"自保持"按键时，工业机器人自动抓取轮辋内圈夹爪工具，从仓储区 6 号料仓取出轮毂，并随伺服导轨移动至分拣区作业处，将轮毂放至分拣工位上（见图 1（a）），随后自动释放轮辋内圈夹爪工具，最后返回伺服导轨零点位置；当按下红色"自保持"按键时，工业机器人自动抓取轮辋内圈夹爪工具，从仓储单元 6 号料仓取出轮毂，并随伺服导轨移动至打磨区作业处，将轮毂放至打磨工位上（见图 1（b）），随后自动释放轮辋内圈夹爪工具，最后返回伺服导轨零点位置。轮辋内圈夹爪工具如图 2 所示。在手动模式下调试无误后，切换至自动模式，程序运行速度为最大速度的 30%。

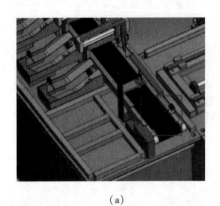 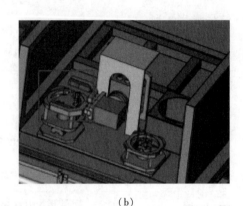

（a）　　　　　　　　　　　　　　　（b）

图 1　分拣工位和打磨工位示意图

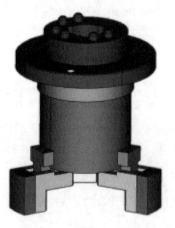

图 2　轮辋内圈夹爪工具

学习笔记

样题2

工业机器人伺服导轨初始位置处于工作原点位置。工具区放满所有工具，其中工具摆放无顺序要求，仓储区放满轮毂，考生可根据任务要求自行调整工具和轮毂的摆放方式。编程所涉及的工业机器人I/O信号如表2所示。

表2　工业机器人I/O信号

信号名称	I/O地址	功能说明	对应硬件
ServoHome	12	控制伺服导轨回原点信号，当信号值为?时，可通过PLC3间接控制伺服导轨回原点	DN_Generic
ServoPosition	0~9	控制伺服导轨运动位置	DN_Generic
ServoVelocity	10~11	控制伺服导轨运动速度	DN_Generic
ServoArrive	15	伺服导轨到位信号	DN_Generic
QuickChange	0	控制快换装置信号	DSQC652
Grip	2	控制夹爪工具信号	DSQC652
Sucker	1	控制吸盘工具信号	DSQC652

注：组信号ServoPosition的值的输入范围为0~760 mm，组信号ServoVelocity的值的输入范围为0~3（0表示移动速度是0 mm/s，1表示移动速度是15 mm/s，2表示移动速度是25 mm/s，3表示移动速度是40 mm/s）。

（1）新建程序模块KH，并在程序模块中创建主程序main、自动抓取轮辋内圈夹爪工具程序GetGrip、自动释放轮辋内圈夹爪工具程序PutGrip、自动抓取4号料仓轮毂程序GetPack04、轮毂放至分拣工位程序PutPack04、自动抓取6号料仓轮毂程序GetPack06、轮毂放至打磨工位程序PutPack06、中断程序Interrupt01、触发中断程序MInterrupt。编程所涉及的机器人变量由考生自行创建并定义。

（2）在编写程序时，工业机器人均需从工作原点Home点出发，执行完相应的动作后返回工作原点Home点。Home点的位置数据为（0，-30，30，0，90，0）。

（3）编写主程序main，使其实现如下效果：当按下绿色"自保持"按键时，工业机器人从伺服导轨原点位置运动至工具区，自动抓取轮辋内圈夹爪工具，再运动至仓储区，抓取 4 号料仓轮毂，然后运动至分拣区，将轮毂放至分拣工位（见图 3 (a)），再返回工具区，自动释放轮辋内圈夹爪工具，最后返回伺服导轨原点；当按下红色"自保持"按键时，工业机器人从伺服导轨原点位置运动至工具区，自动抓取轮辋内圈夹爪工具，再运动至仓储区，抓取 6 号料仓轮毂，然后运动至打磨区，将轮毂放至打磨工位（见图 3 (b)），再返回工具区，自动释放轮辋内圈夹爪工具，最后返回伺服导轨原点。轮辋内圈夹爪工具如图 4 所示。

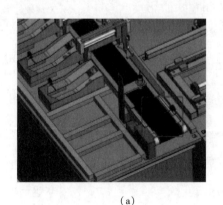
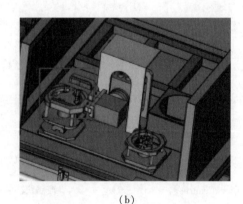

(a)   (b)

图 3 分拣工位和打磨工位示意图

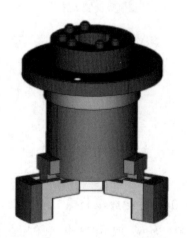

图 4 轮辋内圈夹爪工具

（4）在主程序 main 运行过程中，当按下红色"自复位"按键时，触发中断程序，使工业机器人停止运行；再按下红色"自复位"按键时，工业机器人从停止处恢复运行。在手动模式下调试无误后，切换至自动模式，程序运行速率为 30%。

样题 3

工业机器人伺服导轨初始位置处于工作原点位置。工具区放满所有工具，其中工具摆放无顺序要求，仓储区放满轮毂，考生可根据任务要求自行调整工具和轮毂的摆放方式。编程所涉及的工业机器人 I/O 信号如表 3 所示。

表 3　工业机器人 I/O 信号

信号名称	I/O 地址	功能说明	对应硬件
ServoHome	12	控制伺服导轨回原点信号，当信号值为 ? 时，可通过 PLC3 间接控制伺服导轨回原点	DN_Generic
ServoPosition	0~9	控制伺服导轨运动位置	DN_Generic
ServoVelocity	10~11	控制伺服导轨运动速度	DN_Generic
ServoArrive	15	伺服导轨到位信号	DN_Generic
QuickChange	0	控制快换装置信号	DSQC652
Grip	2	控制夹爪工具信号	DSQC652
Sucker	1	控制吸盘工具信号	DSQC652

注：组信号 ServoPosition 的值的输入范围为 0~760 mm，组信号 ServoVelocity 的值的输入范围为 0~3（0 表示移动速度是 0 mm/s，1 表示移动速度是 15 mm/s，2 表示移动速度是 25 mm/s，3 表示移动速度是 40 mm/s）。

（1）新建程序模块 KH，并在程序模块中创建主程序 main、自动抓取轮辋内圈夹爪工具程序 GetGrip、自动释放轮辋内圈夹爪工具程序 PutGrip、自动抓取 4 号料仓轮毂程序 GetPack04、轮毂放至分拣工位程序 PutPack04、自动抓取 6 号料仓轮毂程序 GetPack06、轮毂放至打磨工位程序 PutPack06。

（2）在编写程序时，工业机器人均需从工作原点 Home 点出发，执行完相应的动作后返回工作原点 Home 点。Home 点的位置数据为（0，−30，30，0，90，0）。

（3）编写主程序 main，使其实现如下效果：当按下绿色"自保持"按键时，工业机器人从伺服导轨原点位置运动至工具区，自动抓取轮辋内圈夹爪工具，运动至仓储区，抓取 4 号料仓轮毂，再运动至视觉检测区 Area01 位置，停留 5 s（模拟检测），然后运动至分拣区，将轮毂放至分拣工位（见图 5（a）），再返回工具单元，自动释放轮辋内圈夹爪工具，最后返回伺服导轨原点；当按下红色"自保持"按键时,工业机器人从伺服导轨原点位置运动至工具区,自动抓取轮辋内圈夹爪工具,运动至仓储区,抓取6号料仓轮毂,再运动至视觉检测区 Area01 位置,停留5 s(模拟检测),然后运动至打磨区,将轮毂放至打磨工位(见图5(b)),再返回工具区,自动释放轮辋内圈夹爪工具,最后返回伺服导轨原点。在手动模式下调试无误后,切换至自动模式,程序运行速度为最大速度的30%。

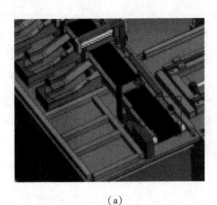
(a)

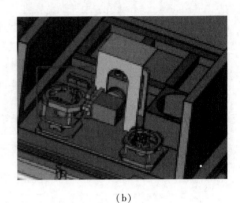
(b)

图5　分拣工位和打磨工位示意图

样题 4

工业机器人伺服导轨初始位置处于工作原点位置。工具区放满所有工具，其中工具摆放无顺序要求，仓储区放满轮毂，考生可根据任务要求自行调整工具和轮毂的摆放方式。编程所涉及的工业机器人 I/O 信号如表 4 所示。

表 4　工业机器人 I/O 信号

信号名称	I/O 地址	功能说明	对应硬件
ServoHome	12	控制伺服导轨回原点信号，当信号值为？时，可通过 PLC3 间接控制伺服导轨回原点	DN_Generic
ServoPosition	0~9	控制伺服导轨运动位置	DN_Generic
ServoVelocity	10~11	控制伺服导轨运动速度	DN_Generic
ServoArrive	15	伺服导轨到位信号	DN_Generic
QuickChange	0	控制快换装置信号	DSQC652
Grip	2	控制夹爪工具信号	DSQC652
Sucker	1	控制吸盘工具信号	DSQC652

注：各个数据的误差是 ±1。

（1）新建程序模块 KH，并在程序模块中创建主程序 main、自动抓取轮毂夹爪工具程序 GetGrip、自动释放轮毂夹爪工具程序 PutGrip、自动抓取 4 号料仓轮毂程序 GetPack04、搬运至打磨单元程序 PolishHub、中断程序 Interrupt01、触发中断程序 MInterrupt。

（2）在编写程序时，工业机器人均需从工作原点 Home 点出发，执行完相应的动作后返回工作原点 Home 点。Home 点的位置数据为 (0，-30，30，0，90，0)。

（3）编写主程序 main，使其实现如下效果：当按下绿色"自保持"按键时，工业机器人自动抓取轮毂夹爪工具，从仓储单元 4 号料仓取出轮毂，并随伺服导轨移动至打磨工位（如图 6 所示），将轮毂放至打磨工位（见图 6）上，随后自动释放轮毂夹爪工具，最后返回伺服导轨零点位置。轮毂夹爪工具如图 7 所示。

（4）在主程序 main 运行过程中，当按下红色"自复位"按键时，触发中断程序，使工业机器人停止运行；当再次按下红色"自复位"按键时，工业机器人从停止处恢复运行。在手动模式下调试无误后，切换至自动模式，程序运行速率为30%。

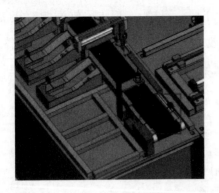

图6　分拣工位和打磨工位示意图

图7　轮毂夹爪工具

附录3 工业机器人系统操作员国家职业技能标准（2020年版）

1 职业概况

1.1 职业名称

工业机器人系统操作员。

1.2 职业编码

6-30-99-00。

1.3 职业定义

使用示教器、操作面板等人机交互设备及相关机械工具，对工业机器人、工业机器人工作站或系统进行装配、编程、调试、工艺参数更改、工装夹具更换及其他辅助作业的人员。

1.4 职业技能等级

根据职业的实际情况，本职业共设四个等级，分别为：四级/中级工、三级/高级工、二级/技师、一级/高级技师。

1.5 职业环境条件

室内，常温。

1.6 职业能力特征

具有较强的学习、表达、计算、操作和逻辑思维能力，具有一定的空间感、形体知觉，色觉正常，手指、手臂灵活，动作协调性强。

1.7 普通受教育程度

高中毕业（或同等学力）。

1.8 培训参考学时

四级/中级工180标准学时，三级/高级工160标准学时；二级/技师140标准学时，一级/高级技师120标准学时。

1.9　职业技能鉴定要求

1.9.1　申报条件

具备以下条件之一者，可申报四级/中级工：

（1）累计从事本职业或相关职业①工作4年（含）以上。

（2）累计从事本职业或相关职业工作3年（含）以上，经本职业中级技能正规培训达规定标准学时数，并取得结业证书。

（3）取得技工学校本专业或相关专业②毕业证书（含尚未取得毕业证书的在校应届毕业生），或取得经评估论证、以中级技能为培养目标的中等及以上职业学校本专业或相关专业毕业证书（含尚未取得毕业证书的在校应届毕业生）。

具备以下条件之一者，可申报三级/高级工：

（1）取得本职业或相关职业四级/中级工职业资格证书（或技能等级证书）后，累计从事本职业或相关职业工作5年（含）以上，或累计从事本职业或相关职业工作4年（含）以上，经本职业高级技能正规培训达规定标准学时数，并取得结业证书。

（2）取得本职业或相关职业四级/中级工职业资格证书（或技能等级证书），并具有高级技工学校、技师学院毕业证书（含尚未取得毕业证书的在校应届毕业生），或取得本职业或相关职业四级/中级工职业资格证书（或技能等级证书），并具有经评估论证、以高级技能为培养目标的高等职业学校本专业或相关专业毕业证书（含尚未取得毕业证书的在校应届毕业生）。

（3）具有大专及以上本专业或相关专业毕业证书，并取得本职业或相关职业四级/中级工职业资格证书（或技能等级证书）后，累计从事本职业或相关职业工作2年（含）以上。

具备以下条件之一者，可申报二级/技师：

（1）取得本职业或相关职业三级/高级工职业资格证书（或技能等级证书）后，累计从事本职业或相关职业工作4年（含）以上，或累计从事本职业或相关职业工作3年（含）以上，经本职业技师技能正规培训达规定标准学时数，并取得结业证书。

---

① 相关职业：电工、焊工、加工中心操作工、组合机床操作工、数控程序员、可编程序控制系统设计师等，下同。

② 相关专业：加工制造类、机电设备类、机械类、电气类、自动化类、电子信息类、计算机类、通信类等专业，下同。

（2）取得本职业或相关职业三级/高级工职业资格证书（或技能等级证书）的高级技工学校、技师学院毕业生，累计从事本职业或相关职业工作3年（含）以上，或取得本职业或相关职业预备技师证书的技师学院毕业生，累计从事本职业或相关职业工作2年（含）以上。

具备以下条件者，可申报一级/高级技师：

取得本职业或相关职业二级/技师职业资格证书（或技能等级证书）后，累计从事本职业或相关职业工作4年（含）以上，或累计从事本职业或相关职业工作3年（含）以上，经本职业高级技师技能正规培训达规定标准学时数，并取得结业证书。

1.9.2　鉴定方式

分为理论知识考试、技能考核及综合评审。

理论知识考试以闭卷笔试、机考等方式为主，主要考核从业人员从事本职业应掌握的基本要求和相关知识要求；技能考核主要采用现场实际操作、模拟操作等方式进行，主要考核从业人员从事本职业应具备的技能水平；综合评审主要针对技师和高级技师，采取审阅申报材料、答辩等方式进行全面评议和审查。

理论知识考试、技能考核和综合评审均实行百分制，成绩皆达60分（含）以上者为合格。

1.9.3　监考人员、考评人员与考生配比

理论知识考试中的监考人员与考生配比不低于1∶15，且每个考场不少于2名监考人员；技能考核中的考评人员与考生配比不低于1∶5，且考评人员为3人（含）以上单数；综合评审委员为3人（含）以上单数。

1.9.4　鉴定时间

理论知识考试时间不少于90 min，技能考核时间不少于120 min，综合评审时间不少于30 min。

1.9.5　鉴定场所设备

理论知识考试场所为标准教室、计算机教室或具备智能考核系统的教室；技能考核在实训基地或作业现场进行。场地条件及设备、工具、材料、仪器仪

表、计算机及 CAD/机器人编程仿真软件等应满足技能考核需要，并符合环境保护、劳动保护、安全和消防等各项要求。其中，技师、高级技师的系统规划与调整、技术管理两方面能力的考核应结合企业实际需求进行评定。

2 基本要求

2.1 职业道德

2.1.1 职业道德基本知识

2.1.2 职业守则

（1）遵纪守法，严于律己。

（2）忠于职守，爱岗敬业。

（3）团结协作，开拓创新。

（4）爱护设备，安全操作。

（5）严守规程，执行工艺。

（6）保护环境，文明生产。

2.2 基础知识

2.2.1 工业机器人专业英语知识

（1）工业机器人系统专业词汇。

（2）机电专业英语基础知识。

2.2.2 机械系统装调知识

（1）机械工程识图。

（2）机械原理及设计。

（3）公差配合与形位公差。

（4）测量与误差分析。

2.2.3 电气系统装调知识

（1）电气线路识图。

（2）电工与电子技术。

（3）电气控制技术。

（4）液压、气动技术与应用。

（5）传感器原理与应用。

（6）运动控制技术与应用。

（7）可编程控制技术与应用。

2.2.4　工业机器人系统操作知识

（1）工业机器人定义与构型分类。

（2）工业机器人本体基本组成。

（3）工业机器人系统设定。

（4）工业机器人示教编程与操作。

（5）工业系统网络基础。

（6）常用装配工具、仪器和工装夹具的使用方法。

（7）机械、电气装配工艺与操作。

2.2.5　安全生产与环境保护知识

（1）现场文明生产要求。

（2）安全操作与劳动保护。

（3）安全用电。

（4）环境保护。

2.2.6　质量管理知识

（1）企业质量管理目标。

（2）岗位质量管理要求。

（3）岗位质量保证措施与责任。

2.2.7　相关法律、法规知识

（1）《中华人民共和国劳动法》相关知识。

（2）《中华人民共和国安全生产法》相关知识。

（3）《中华人民共和国环境保护法》相关知识。

学习笔记

3　工作要求

本标准对中级工、高级工、技师和高级技师的技能要求依次递进，高级别涵盖低级别的要求。

3.1　四级/中级工

职业功能	工作内容	技能要求	相关知识要求
1　机械系统装调	1.1　机械部件装配准备	1.1.1　能识读机械零部件装配图和装配工艺文件 1.1.2　能根据机械部件装配要求选用装配工具、工装夹具 1.1.3　能按照装配清单准备机械零部件	1.1.1　机械零部件装配图和装配工艺文件的识读方法 1.1.2　机械零部件装配工艺 1.1.3　机械装配工具的使用方法 1.1.4　工装夹具的使用方法
	1.2　机械部件装配	1.2.1　能安放固定机器人本体 1.2.2　能装配末端执行器 1.2.3　能安装和更换末端执行器或末端执行器自动更换系统 1.2.4　能安装调压阀、流量阀、开关闸阀等液压和气动系统元件 1.2.5　能识别机器人本体、机器人工作站或系统的气源和液压源接口，并连接液压和气动系统 1.2.6　能装配和更换气动、液压设备或数控机床、变位机等设备的工装夹具 1.2.7　能安装机器人安全防护装置	1.2.1　机器人本体结构及安装方法 1.2.2　末端执行器装配方法 1.2.3　末端执行器自动更换系统装配方法 1.2.4　液压与气压传动系统元件使用方法 1.2.5　安全防护装置装配方法
	1.3　机械部件功能调试	1.3.1　能按照工艺要求检查工装夹具、末端执行器等机械部件的功能 1.3.2　能检查液压和气压回路的功能 1.3.3　能填写机械部件装调记录单	1.3.1　机器人末端执行器使用方法 1.3.2　液压与气动原理图识读方法 1.3.3　机械部件装调记录单的填写方法

续表

职业功能	工作内容	技能要求	相关知识要求
2 电气系统装调	2.1 电气系统装配准备	2.1.1 能识读机器人电气原理图、电气接线图、电器布置图等 2.1.2 能根据电气系统装配要求选用装配工具、仪器、仪表 2.1.3 能按照电气装配清单要求辨识电器元件、导线和电缆线的规格	2.1.1 电气图识图方法 2.1.2 电气装配工具的使用方法 2.1.3 仪器、仪表的规格、用途、选择原则及使用方法 2.1.4 常用电器元件、导线和电缆线的规格、型号
	2.2 电气系统装配	2.2.1 能根据电器布置图要求安装电器元件 2.2.2 能对机器人本体、控制器、示教器、末端执行器等进行电气连接 2.2.3 能连接机器人安全防护装置的电气线路	2.2.1 电气线路连接规范及要求 2.2.2 电工操作技术与装配方法 2.2.3 屏蔽与保护接地方法 2.2.4 机器人安全回路连接方法
	2.3 电气系统功能调试	2.3.1 能接通、切断机器人系统的主电源及电气柜电源 2.3.2 能启动、停止机器人及周边配套设备 2.3.3 能测试电器元件的功能 2.3.4 能检查线路连接的可靠性 2.3.5 能利用仪器、仪表测试电气柜配电盘的功能 2.3.6 能填写电气部件装调记录单	2.3.1 机器人电气系统调试方法 2.3.2 电气部件装调记录单的填写方法
3 系统操作与编程调试	3.1 系统操作与设定	3.1.1 能使机器人上电、复位，进入准备（Ready）状态 3.1.2 能使用示教器设定机器人系统语言、用户权限、用户信息 3.1.3 能使用示教器设定机器人的运行模式、运行速度、坐标系 3.1.4 能使用示教器解除报警和设置功能快捷键 3.1.5 能使机器人回到零位 3.1.6 能配置机器人输入/输出信号	3.1.1 机器人控制器操作方法 3.1.2 机器人示教器操作方法 3.1.3 机器人运行模式 3.1.4 机器人坐标系 3.1.5 机器人零位校准方法 3.1.6 机器人输入/输出信号设定方法

职业功能	工作内容	技能要求	相关知识要求
3 系统操作与编程调试	3.2 示教编程与调试	3.2.1 能使用关节坐标系、基坐标系、工具坐标系、工件坐标系等运动坐标系操作机器人，记录和更改示教程序点 3.2.2 能在手动或自动模式下，控制机器人末端执行器对工件作业 3.2.3 能利用示教器编制机器人基本运动轨迹程序 3.2.4 能接通、切断机器人控制器电源，检查控制器运行情况 3.2.5 能启动、暂停、停止机器人运行程序，完成单步、连续等运行操作 3.2.6 能读取和设置机器人位置数据 3.2.7 能复位、解除因触发安全防护机制、急停按钮等导致的机器人停止状态 3.2.8 能备份和恢复机器人系统文件、程序文件等 3.2.9 能加载程序 3.2.10 能填写机器人重复定位精度、干涉碰撞、运行速度、故障信息等调试记录	3.2.1 机器人示教再现原理与程序点示教方法 3.2.2 机器人运动、输入/输出、逻辑、控制等指令的应用 3.2.3 机器人轨迹编程方法 3.2.4 机器人手动和自动程序调试方法 3.2.5 机器人程序、指令编辑方法 3.2.6 机器人位置数据的读取与设置方法 3.2.7 急停按钮解除操作方法 3.2.8 机器人系统文件、程序文件等的备份和恢复方法 3.2.9 程序的加载方法 3.2.10 机器人调试记录填写方法
	3.3 安全操作	3.3.1 能读懂机器人安全标识 3.3.2 能判断机器人系统危险状况，采取急停等安全防护措施 3.3.3 能在手动和自动模式下设置机器人运行速度上限 3.3.4 能识读机器人安全运行机制的相关指导文件	3.3.1 机器人安全操作注意事项 3.3.2 机器人及周边配套设备急停操作方法 3.3.3 机器人安全运行机制

3.2 三级/高级工

职业功能	工作内容	技能要求	相关知识要求
1 机械系统装调	1.1 机械总装准备	1.1.1 能识读机器人工作站或系统总装配图和装配工艺文件 1.1.2 能根据机器人工作站或系统装配要求选用装配工具、工装夹具 1.1.3 能按照总装配图及工艺指导文件，准备总装零部件	1.1.1 机器人工作站或系统总装配图识读方法 1.1.2 机器人工作站或系统组成和装配方法
	1.2 机械总装	1.2.1 能装配搬运、码垛、焊接、喷涂、装配、打磨等机器人工作站或系统的周边配套设备 1.2.2 能安装相机、镜头、光源等机器视觉装置功能部件	1.2.1 搬运、码垛、焊接、喷涂、装配、打磨等工艺原理及周边配套设备使用方法 1.2.2 机器视觉装置功能部件选型与装配方法
	1.3 机械总装功能调试	1.3.1 能调整机器人末端执行器与周边配套设备之间的位置，达到机器人与其他设备动作配合的要求 1.3.2 能调节液压和气动系统压力、流量等 1.3.3 能按照装配技术要求检查变位机旋转角度、移动平台移动行程、送丝系统送丝等周边配套设备的功能 1.3.4 能调整机器视觉系统部件的图像成像、聚焦、亮度等功能 1.3.5 能检查传感器、相机等部件安装位置 1.3.6 能填写机械总装调试记录单	1.3.1 液压和气动回路的调试方法 1.3.2 周边配套设备功能的调试方法 1.3.3 机器视觉系统功能部件使用方法 1.3.4 传感器安装和使用方法 1.3.5 机械总装调试记录单的填写方法

职业功能	工作内容	技能要求	相关知识要求
2 电气系统装调	2.1 电气系统装配	2.1.1 能按照电气装配技术文件要求安装机器人工作站或系统的电气柜、配电盘等 2.1.2 能根据电气原理图、电气接线图连接电气柜的配电盘线路 2.1.3 能按照电气接线图要求连接机器人工作站或系统外部急停回路、安全回路 2.1.4 能连接机器人工作站或系统的控制线路	2.1.1 可编程逻辑控制器（PLC）、伺服装置、步进装置、变频装置、人机交互装置等装配方法 2.1.2 机器人工作站或系统的急停和安全操作规范
	2.2 电气系统功能调试	2.2.1 能完成机器人工作站或系统通电前的安全检测 2.2.2 能测试传感器的信号 2.2.3 能根据技术文件要求设置 PLC、伺服装置、步进装置、变频装置、人机交互装置等参数 2.2.4 能通过机器人通信接口将机器人参数、PLC 程序传入机器人控制器 2.2.5 能使用视觉图像软件调试相机参数	2.2.1 通电前短路检测、接地及相关检测点的电阻的检测方法 2.2.2 传感器的测试方法 2.2.3 PLC、伺服装置、步进装置、变频装置、人机交互装置等参数设置方法 2.2.4 机器视觉系统通信和标定方法
3 系统操作与编程调试	3.1 系统操作与设定	3.1.1 能创建工具、工件坐标系，完成坐标系标定 3.1.2 能设置负载参数 3.1.3 能设定机器人外部辅助轴的控制参数 3.1.4 能设定机器人系统外部启动/停止、输入/输出、急停等信号 3.1.5 能设定机器人系统网络通信参数 3.1.6 能测试重复定位精度	3.1.1 工具、工件坐标系标定与修改方法 3.1.2 负载参数知识及其设置方法 3.1.3 机器人外部辅助轴的控制参数配置方法 3.1.4 机器人系统外部控制信号、组输入/输出信号设定方法 3.1.5 网络通信设置方法 3.1.6 机器人重复定位精度测试方法

续表

职业功能	工作内容	技能要求	相关知识要求
3 系统操作与编程调试	3.2 示教编程与调试	3.2.1 能根据机器人输入/输出信号通断，调整机器人运行状态 3.2.2 能根据机器人位置数据、运行状态及运动轨迹调整程序 3.2.3 能利用示教器控制外部辅助轴实现外部设备的功能调整 3.2.4 能创建搬运、码垛、焊接、喷涂、装配、打磨等机器人工作站或系统的运行程序，添加作业指令，进行系统工艺程序编制与调试 3.2.5 能使用视觉图像软件进行机器视觉系统的编程 3.2.6 能根据机器人工作站或系统的实际作业效果，调整周边配套设备，优化机器人的作业位姿、运动轨迹、工艺参数、运行程序等 3.2.7 能利用机器人报警功能进行机器人工作站或系统功能的调整 3.2.8 能设置机器人工作站或系统的安全防护机制，在手动和自动模式下触发机器人停止	3.2.1 机器人输入/输出信号调试方法 3.2.2 机器人外部辅助轴操作与调试方法 3.2.3 机器人搬运、码垛、焊接、喷涂、装配、打磨等典型应用 3.2.4 机器人工作站或系统典型应用程序编写与调试方法 3.2.5 机器人码垛、焊接等作业指令的应用 3.2.6 机器视觉系统的编程方法 3.2.7 机器人运行程序、运动轨迹、工艺参数等的优化方法 3.2.8 机器人工作站或系统安全防护机制的设置方法
	3.3 离线编程与仿真	3.3.1 能将三维建模软件创建的模型文件导入离线编程软件 3.3.2 能使用离线编程软件创建机器人系统作业场景 3.3.3 能使用离线编程软件编制机器人运动轨迹，生成机器人运行程序 3.3.4 能备份机器人离线程序	3.3.1 三维建模软件的模型文件导入方法 3.3.2 离线编程软件使用方法

3.3 二级/技师

职业功能	工作内容	技能要求	相关知识要求
1 系统操作与编程调试	1.1 系统编程与调试	1.1.1 能结合PLC、上位机、机器视觉系统等配置机器人工作站或系统参数 1.1.2 能结合程序框架标准编制机器人工作站或系统总控程序，完成生产联调 1.1.3 能操作智能型工业机器人，进行通讯、监控、力和视觉参数设定、数据分析等 1.1.4 能使用多种导航方式操作移动机器人，进行监控、路径规则、充电等 1.1.5 能操作协作机器人，进行拖动示教、监控、安全保护参数设定等	1.1.1 PLC、上位机等硬件与软件配置方法 1.1.2 机器人工作站或系统编程与生产联调方法 1.1.3 力和视觉系统的标定及视觉位置误差补偿的方法 1.1.4 磁导航、激光导航、轮廓导航技术的应用 1.1.5 力/位置组合控制、阻抗控制的方法
	1.2 离线编程与仿真	1.2.1 能结合机器人系统集成方案进行机器人工作站或系统的离线编程和仿真 1.2.2 能根据现场条件对离线程序进行在线调整及性能优化	1.2.1 机器人工作站或系统的动作逻辑仿真方法 1.2.2 机器人工具、工件坐标系变换补偿及其方法
2 系统规划与调整	2.1 应用方案制定	2.1.1 能制定搬运、码垛、焊接、喷涂、装配、打磨等机器人工作站或系统控制方案 2.1.2 能判定机器人工作站或系统的故障，根据生产需求给出解决方案 2.1.3 能判定机器人工作站或系统使用设备的故障，为设备的检修提供解决方案 2.1.4 能编制机械、电气系统装调工艺规程和生产工艺流程指导文件 2.1.5 能进行标准设备及工艺模块选型	2.1.1 机器人工作站或系统的控制系统架构及其组态方法 2.1.2 机器人工作站或系统故障诊断方法 2.1.3 机器人工作站或系统数据采集方法 2.1.4 机器人工作站或系统的机械、电气系统装调工艺规程编制方法 2.1.5 机器人工作站或系统的生产加工工艺及其流程指导文件编制方法 2.1.6 机器人工作站或系统各组成部分技术参数及其应用

续表

职业功能	工作内容	技能要求	相关知识要求
2 系统规划与调整	2.2 系统评估与优化	2.2.1 能结合生产现场实际情况和工艺需求、仿真效果，评估和论证、优化机器人系统集成方案 2.2.2 能根据生产工艺要求及生产数据，对机器人工作站或系统程序及硬件配置进行调整 2.2.3 能根据系统操作、调试等资料，编制工作站或系统运行分析报告	2.2.1 方案可行性评估方法 2.2.2 产品良率和产能提升方法 2.2.3 技术分析报告编制方法
3 技术管理	3.1 系统质量管理	3.1.1 能根据现场调试报告，检测机器人工作站或系统的安装质量 3.1.2 能根据使用设备相关标准，对机器人工作站或系统的可靠性、安全性进行质量检测与验收	3.1.1 机器人工作站或系统安装流程质量检测方法 3.1.2 机器人工作站或系统使用设备相关的国家标准（含国际、特定国家）、行业标准以及企业标准
3 技术管理	3.2 制定现场管理规范	3.2.1 能制定机器人工作站或系统所需工具、辅助设备、耗材等管理规范 3.2.2 能制定机器人工作站或系统的安全防护规范	3.2.1 现场工具、辅助设备、耗材等管理方法
4 培训与指导	4.1 培训	4.1.1 能制定培训方案 4.1.2 能对三级/高级工及以下级别人员进行理论知识及技能培训，完成培训总结	4.1.1 培训方案编制方法和注意事项 4.1.2 理论及技能培训教学方法
4 培训与指导	4.2 技能指导	4.2.1 能指导三级/高级工及以下级别人员进行机器人参数配置、装配、操作、编程、调试等 4.2.2 能根据工艺、产品要求等现场情况变化，指导高级及以下级别人员调整作业	4.2.1 操作技能指导要求和方法

3.4 一级/高级技师

职业功能	工作内容	技能要求	相关知识要求
1 系统操作与编程调试	1.1 系统编程与调试	1.1.1 能搭建智能车间或智能工厂控制系统，协同控制移动机器人、协作机器人、工业机器人等设备 1.1.2 能根据单个控制器控制多台工业机器人本体协同作业的要求，进行硬件选型、参数配置、控制程序编程等 1.1.3 能根据生产线实际运行情况，调试多种多台机器人协同作业的系统程序	1.1.1 机器人数据通信和整体系统程序架构 1.1.2 多机器人功能参数配置、坐标系标定、程序编程与调试的方法
	1.2 离线编程与仿真	1.2.1 能使用离线编程软件进行多种多台机器人协同作业的系统程序编程与调试 1.2.2 能使用离线编程软件生成共线生产程序	1.2.1 多机器人协同作业的离线编程及仿真方法 1.2.2 共线生产离线编程及仿真流程
2 系统规划与调整	2.1 应用方案制定	2.1.1 能根据产品特征、车间结构布局、生产节拍、成本等，参与制定机器人系统集成方案 2.1.2 能根据现有生产设备所包含的机器人系统的技术参数，针对新产品、新生产工艺、新标准等制定机器人系统升级改造的应用方案 2.1.3 能为工厂、车间、生产线的智能化升级改造提供配套的机器人系统设置、程序调整以及硬件配置的应用方案 2.1.4 能为自动化车间或智能工厂制定机器人系统故障应急处置方案及标准作业程序（SOP） 2.1.5 能根据机器人系统各零部件使用寿命及保养周期，制定维护保养方案 2.1.6 能根据机器人系统应用方案编制程序框架规范	2.1.1 机器人系统集成方案制定方法 2.1.2 机器人系统核心零部件的技术参数 2.1.3 机器人系统各组成部分硬件成本估算方法 2.1.4 机器人系统各核心零部件性能衰减对机器人系统技术参数的影响 2.1.5 线体备选方案 2.1.6 工业物联网、工业大数据、人工智能等应用 2.1.7 机器人系统应用方案的程序框架规范编制要求

续表

职业功能	工作内容	技能要求	相关知识要求
2 系统规划与调整	2.2 系统评估与优化	2.2.1 能根据生产管理数据优化机器人系统设备及相关参数,提高设备稼动率 2.2.2 能根据实际生产需求,提出机器人系统生产加工工艺、节拍、工装和布局的优化建议 2.2.3 能根据生产现场改进和优化情况,编制技术总结报告 2.2.4 能对新技术、新工艺、新材料等的使用状况进行生产总结	2.2.1 智能生产管理系统使用方法 2.2.2 生产工艺优化方法 2.2.3 生产计划与生产节拍管理方法 2.2.4 技术总结报告编制方法
3 技术管理	3.1 系统实施管理	3.1.1 能根据机器人系统集成或改造技术方案制定实施细则 3.1.2 能进行机器人生产线从施工到验收的全过程技术管理 3.1.3 能完成机器人系统的试运行及设备验收	3.1.1 机器人系统实施细则的制定方法 3.1.2 工程技术管理方法 3.1.3 机器人系统验收方法
	3.2 现场人员管理	3.2.1 能根据生产计划制定人员管理方案 3.2.2 能根据生产线现场实际情况,组织有关人员协调作业	3.2.1 生产人员管理方法 3.2.2 多人协同作业的组织管理方法
4 培训与指导	4.1 培训	4.1.1 能对二级/技师进行理论知识及技能培训 4.1.2 能编写培训教材、实操指导书	4.1.1 培训教材和实操指导书编写方法
	4.2 技能指导	4.2.1 能指导二级/技师进行机器人自动化生产线参数配置、装配、操作、编程、调试等 4.2.2 能指导二级/技师人员现场排除意外、紧急情况或疑难问题	4.2.1 意外、紧急情况或疑难问题处理方法

4 权重表

4.1 理论知识权重表

技能等级 项目		四级/中级工（%）	三级/高级工（%）	二级/技师（%）	一级/高级技师（%）
基本要求	职业道德	5	5	5	5
	基础知识	15	10	5	5
相关知识要求	机械系统装调	20	20	—	—
	电气系统装调	20	20	—	—
	系统操作与编程调试	40	45	25	15
	系统规划与调整	—	—	35	40
	技术管理	—	—	20	20
	培训与指导	—	—	10	15
合计		100	100	100	100

4.2 技能要求权重表

技能等级 项目		四级/中级工（%）	三级/高级工（%）	二级/技师（%）	一级/高级技师（%）
技能要求	机械系统装调	20	15	—	—
	电气系统装调	20	20	—	—
	系统操作与编程调试	60	65	35	20
	系统规划与调整	—	—	40	50
	技术管理	—	—	15	20
	培训与指导	—	—	10	10
合计		100	100	100	100